WÄRMEPUMPEN IN BESTANDSGEBÄUDEN

Möglichkeiten und Herausforderungen im Eigenheim

Herausgeberin
Wüstenrot Stiftung

Autor:innen
Simon Greif, M. Sc.
Dipl.-Ing. Leona Freiberger
Dr.-Ing. Roger Corradini
Lennart Trentmann, B. Sc.
Prof. Dipl.-Ing. Werner Schenk

Ein Forschungsprojekt der Wüstenrot Stiftung in Zusammenarbeit mit der Forschungsstelle für Energiewirtschaft e. V.

Inhalt

„WIR KÖNNEN DEN WIND NICHT ÄNDERN, ABER DIE SEGEL ANDERS SETZEN."

— Aristoteles —

DANKSAGUNG – An dieser Stelle möchten wir all jene Menschen würdigen, die zum Erfolg dieses Projekts beigetragen haben, und ihnen herzlich danken. Für die Beiträge zu den umgesetzten Projekten sprechen wir Prof. Werner Schenk, Bernhard Schenk, Roman Zanon und Dr. Wolfgang Duba unseren Dank aus. Auch den nicht namentlich genannten Beteiligten sei herzlich gedankt.

Vorwort

Die Energiewende als gesellschaftliche Herausforderung kann nur gelingen, wenn wir alle einen Teil zur Lösung der Aufgabe beitragen. Wohngebäude spielen hierbei eine wichtige Rolle, da ein großer Teil des gesamten Energieverbrauchs in Deutschland auf das Heizen entfällt. Dass dafür überwiegend Erdgas und Heizöl eingesetzt werden, ist besonders kritisch für das Klima und macht uns abhängig von Staaten, die diese fossilen Energieträger exportieren. Wärmepumpen sind eine klimafreundliche Alternative zum konventionellen Heizkessel. Eigentümer:innen von Bestandsgebäuden fehlt für die Umrüstung jedoch häufig ein passender Lösungsansatz, der die individuellen Anforderungen berücksichtigt. Dieses Buch informiert allgemeinverständlich und umfassend über Optionen zur Umrüstung auf Wärmepumpen: Wie können Wärmepumpen effizient mit Heizkörpern betrieben werden? Welche Vor- und Nachteile weisen verschiedene Wärmequellen, wie Luft, Erde oder Grundwasser, auf? Und wie kann die Umsetzung ganz praktisch aussehen? Eigentümer:innen werden so in die Lage versetzt, die Optionen selbst einzuordnen und die Modernisierung ihres Gebäudes aktiv voranzutreiben. Die vorliegende Publikation entstand in Zusammenarbeit der Wüstenrot Stiftung und der FfE München mit dem Ziel, möglichst viele Eigenheimbesitzer:innen zu erreichen. Wir freuen uns, wenn Sie die zusammengefassten Informationen weitertragen. Denn nur gemeinsam schaffen wir die Energiewende und werden unabhängiger von importierter fossiler Energie!

Prof. Philip Kurz, Verena Krubasik – **Wüstenrot Stiftung**
Dr. Roger Corradini, Simon Greif, Leona Freiberger – **FfE München**

KAPITEL 1

AN WEN RICHTET SICH DIESES BUCH?

Sie können besonders von den Inhalten profitieren, wenn Sie sich für den Einbau einer Wärmepumpe in Ihr Eigenheim interessieren. Im Fokus stehen elektrische Wärmepumpen für Bestandsgebäude mit ein bis zwei Wohnungen. Technisches Vorwissen ist nicht notwendig!

Die Lektüre ist kein Ersatz für eine Energieberatung bzw. die Expertise eines Fachbetriebs! Jedes Haus ist anders und muss individuell betrachtet werden. Dieses Buch liefert Ihnen grundlegende Informationen, um ...

... EINEN ÜBERBLICK ÜBER DAS VIELSCHICHTIGE THEMA „WÄRMEPUMPE" ZU BEKOMMEN.

... DIE AUSGANGSSITUATION IHRES GEBÄUDES BESSER EINSCHÄTZEN ZU KÖNNEN.

... VERSCHIEDENE OPTIONEN ZUM EINSATZ VON WÄRMEPUMPEN ZU KENNEN.

... MIT IHREM FACHBETRIEB AUF AUGENHÖHE ZU KOMMUNIZIEREN.

Häufige Fragen – kurz beantwortet!

Vor dem Einbau einer Wärmepumpe in ein Bestandsgebäude ergeben sich viele Fragen. Einige davon werden im Folgenden kurz beantwortet. Detaillierte Informationen zu den verschiedenen Themen finden Sie in den zugehörigen Kapiteln.

Funktionieren Wärmepumpen auch in Bestandsgebäuden?

Ja, Wärmepumpen sind nicht nur in Neubauten, sondern auch in Bestandsgebäuden eine zukunftsfähige Alternative zu konventionellen Heizkesseln. Der Großteil der Energie wird dabei kostenfrei aus der Umwelt bezogen und unter Einsatz von Strom für das Heizen nutzbar gemacht. Als natürliche Wärmequelle können beispielsweise die Umgebungsluft oder das Erdreich dienen. Die Effizienz einer Wärmepumpe ist vom Temperaturunterschied zwischen der Wärmequelle und der Heiztemperatur abhängig. Je geringer der Unterschied ist, desto effizienter kann die Wärmepumpe arbeiten. Deshalb wird diese Technologie bevorzugt in Kombination mit Fußboden-, Wand- oder Deckenheizungen eingesetzt, da die notwendige Heiztemperatur hier wesentlich geringer ist als bei herkömmlichen Heizkörpern.

Eine Nachrüstung von Bestandsgebäuden mit diesen sogenannten Flächenheizungen ist oftmals aufwendig. Es gibt jedoch Möglichkeiten, Wärmepumpen auch ohne Flächenheizungen effizient zu betreiben. Spezielle Niedertemperatur-Heizkörper verfügen beispielsweise über Ventilatoren, welche die Raumluft umwälzen und so die Wärme auch bei geringen Heiztemperaturen gut an den Raum abgeben. Zudem sollte die Verteilung des Wassers zwischen den Heizkörpern von einer Fachkraft optimal eingestellt werden – man spricht vom „hydraulischen Abgleich". Um den Stromverbrauch der Wärmepumpe weiter zu reduzieren, können zusätzliche Modernisierungsmaßnahmen, wie die Dämmung von Dach und Wänden oder ein Fenstertausch, sinnvoll sein. ▶ Weitere Informationen hierzu finden Sie in Kapitel 4: Was ist in meinem Haus möglich?

Warum ist das Heizen mit Wärmepumpen ökologisch vorteilhaft?

Wärmepumpen heizen etwa zu zwei Dritteln mit Umweltwärme. Nur ein Drittel der Energie wird in Form von Strom hinzugezogen. Der Strom liefert die Antriebsenergie, um die Umweltwärme auf ein Temperaturniveau zu bringen, das zum Heizen nötig ist. Der Anteil erneuerbarer Energien am Strommix beträgt in Deutschland heute bereits etwa 40 %. Dadurch erhöht sich auch der Anteil regenerativer Energiequellen an der Wärmebereitstellung. Öl- oder Gaskessel hingegen heizen mit fossilen Brennstoffen und verursachen dabei höhere Emissionen als Wärmepumpen. Je effizienter eine Wärmepumpe arbeitet, desto größer ist ihr ökologischer Vorteil. Mit einem steigenden Anteil erneuerbarer Energien am Strommix insgesamt wird die Wärmepumpe ihren Vorsprung künftig noch weiter ausbauen. ▶ Weitere Informationen hierzu finden Sie in Kapitel 2: Warum sind Wärmepumpen gut für das Klima?

Funktionieren Wärmepumpen auch bei sehr niedrigen Außentemperaturen oder muss ich im Winter frieren?

Eine Wärmepumpe funktioniert auch im Winter, wenn es sehr kalt ist. Durch den Wärmepumpenkreislauf wird die Umwelt des Gebäudes (z. B. die Außenluft) abgekühlt, während das Gebäudeinnere aufgeheizt wird. Das funktioniert auch bei sehr geringen Außentemperaturen von deutlich unter 0 °C. Dabei sinkt jedoch die Effizienz der Wärmepumpe. Luftwärmepumpen sind hiervon stärker betroffen als beispielsweise Erdwärmepumpen, da das Erdreich im Gegensatz zur Luft relativ konstante Temperaturen liefert. Um den kurzfristig erhöhten Wärmebedarf zu decken, wird bei Luftwärmepumpen ab einer Außentemperatur von etwa -5 °C ein elektrischer Heizstab zugeschaltet. Sie bemerken davon nichts und werden in Ihrem Haus nicht frieren müssen. Im Durchschnitt treten diese sehr geringen Außentemperaturen in Deutschland nur an wenigen Tagen des Jahres auf, sodass die Gesamteffizienz und der Stromverbrauch kaum beeinflusst werden. ▶ Weitere Informationen hierzu finden Sie in Kapitel 3: Wie funktionieren Wärmepumpen?

Stört der Betrieb einer Wärmepumpe mich oder meine Nachbarschaft?

Wärmepumpen, die das Erdreich, das Grundwasser oder Sonnenenergie als Wärmequelle nutzen, sind in den Wohnräumen und außerhalb des Gebäudes nicht hörbar. Luftwärmepumpen hingegen verursachen Geräusche, da sie mit einem Lüfter die Außenluft in Bewegung versetzen. Mit einer durchschnittlichen Lautstärke von rund 50 Dezibel sind sie damit etwa so laut wie ein Kühlschrank. Es gibt zwei Varianten: Wird die Luftwärmepumpe im Keller platziert, ist auf eine sachgemäße Installation zur Vermeidung von Geräuschen innerhalb des Hauses zu achten. Steht sie im Außenbereich, so sollte es nicht in der Nähe von Schlafräumen, in Gebäudeecken und -nischen sowie unter Balkonen oder Vordächern sein. Zur Reduktion von Geräuschen kann um die Luftwärmepumpe eine Einhausung angebracht werden. Außerdem besitzt jede moderne Luftwärmepumpe einen Nachtmodus, um die Geräuschimmissionen weiter zu reduzieren. Diese Maßnahmen werden Sie und Ihre Nachbarschaft vor störendem Lärm schützen. ▶ Weitere Informationen hierzu finden Sie in Kapitel 4: Was ist in meinem Haus möglich?

Ist das Heizen mit Wärmepumpen teurer als mit anderen Heizsystemen?

Um diese Frage zu beantworten, ist zwischen Installations- und Betriebskosten zu unterscheiden. In der Regel sind Wärmepumpen in der Anschaffung teurer und im Betrieb günstiger als konventionelle Heizkessel. **ANSCHAFFUNG –** Vor allem bei Erdwärmepumpen können hohe Kosten für die Erschließung der Wärmequelle entstehen. Durch Förderungen vom Staat reduzieren sich die Investitionen. Durch die „Abwrackprämie" können bis zu 40 % der Anschaffungskosten eingespart werden. Zusätzlich steigern Wärmepumpen als zukunftsfähiges Heizsystem den Wert der Immobilie. **BETRIEB –** Eine Kilowattstunde Wärmestrom kostete im September 2022 mehr als eine Kilowattstunde Heizöl oder Erdgas. Da Wärmepumpen jedoch rund zwei Drittel der Energie kostenfrei aus der Umwelt beziehen, benötigen sie im Vergleich zu herkömmlichen Heizkesseln nur etwa ein Drittel der Energie in Form von Strom. Dieser Effizienzvorteil gleicht den Preisnachteil gegenüber Heizöl und Erdgas aktuell mehr als aus! →

→ Die Kosten für Energie sind im Jahr 2022 deutlich gestiegen. Dies betrifft den Öl- und Gaspreis, aber auch den Strompreis. Da Wärmepumpen großteils mit kostenloser Umweltwärme heizen, bietet eine Umstellung die Möglichkeit, sich zum Teil von diesem Energiepreisanstieg zu entkoppeln. Je mehr Sie in die Effizienz Ihrer Anlage investieren, desto unabhängiger werden Sie. Trotz höherer Anschaffungskosten sind Wärmepumpen durch die attraktive Förderung sowie den kostensparenderen Betrieb langfristig voraussichtlich günstiger als Öl- oder Gaskessel. ▶ Weitere Informationen hierzu finden Sie in Kapitel 6: Mit welchen Gesamtkosten muss ich rechnen?

Nutzen Wärmepumpen eine bewährte Technik, mit der sich Handwerksbetriebe auskennen?

Was kaum jemand weiß: In jedem Kühlschrank ist eine Wärmepumpe eingebaut! Die erste Wärmepumpe wurde 1834 von dem US-Amerikaner Jacob Perkins für ein Kühlgerät gebaut. Die Technologie existiert also schon seit fast 200 Jahren. Seither wurde sie stetig weiterentwickelt, ist sehr weit verbreitet und praxiserprobt. Die meisten Montagearbeiten dürfen von Heizungsfachbetrieben durchgeführt werden. Bei der Auswahl des Betriebs empfiehlt es sich dennoch, auf Erfahrungen mit der Installation von Wärmepumpen zu achten. Unter **www.waermepumpen-fachmann.de** finden Sie z. B. eine Liste geeigneter Fachbetriebe in Ihrem Umkreis. Um nach der Installation einen einwandfreien Betrieb zu gewährleisten, ist die Wärmepumpe in regelmäßigen Abständen zu warten. Dies kann im Rahmen eines Wartungsvertrags erfolgen. Im Gegenzug entfällt die Reinigung von Kamin und Heizkessel, da die Wärmepumpe verbrennungsfrei arbeitet. ▶ Weitere Informationen hierzu finden Sie in Kapitel 5: Wie setze ich mein Vorhaben „Wärmepumpe" um?

Mache ich mich mit einer Wärmepumpe abhängig vom Stromversorger? Muss ich bei Stromausfall frieren?

Grundsätzlich ist jede Zentralheizung auf eine funktionierende Stromversorgung angewiesen. Somit unterscheidet sich die Abhängigkeit vom Stromversorger bei der Nutzung einer Wärmepumpe nicht von anderen Heizsystemen. Bei einem längeren Stromausfall muss also bei jeder Zentralheizung mit einem Abfall der Raumtemperatur gerechnet werden. Wird mit Heizöl oder Erdgas geheizt, besteht darüber hinaus eine Abhängigkeit von öl- und gasfördernden Unternehmen und Importländern. Während Öl und Gas großteils aus entfernten Regionen der Welt importiert werden, wird Strom schon fast zur Hälfte aus erneuerbaren Energien in Deutschland erzeugt. Demnach erhöht sich die Versorgungssicherheit durch das Heizen mit einer Wärmepumpe im Vergleich zu Heizkesseln sogar.

▶ Weitere Informationen hierzu finden Sie in Kapitel 7: Woher kommt die Energie?

KAPITEL 2

WARUM SIND WÄRMEPUMPEN GUT FÜR DAS KLIMA?

Wärmepumpen heizen überwiegend mit Umweltwärme und nur zu einem kleinen Teil mit Strom. Der Strom hierfür wird zunehmend aus erneuerbaren Energien erzeugt. Als Alternative zu Öl- und Gaskesseln, insbesondere in Bestandsgebäuden, sind Wärmepumpen somit ein wichtiger Baustein der Energiewende.

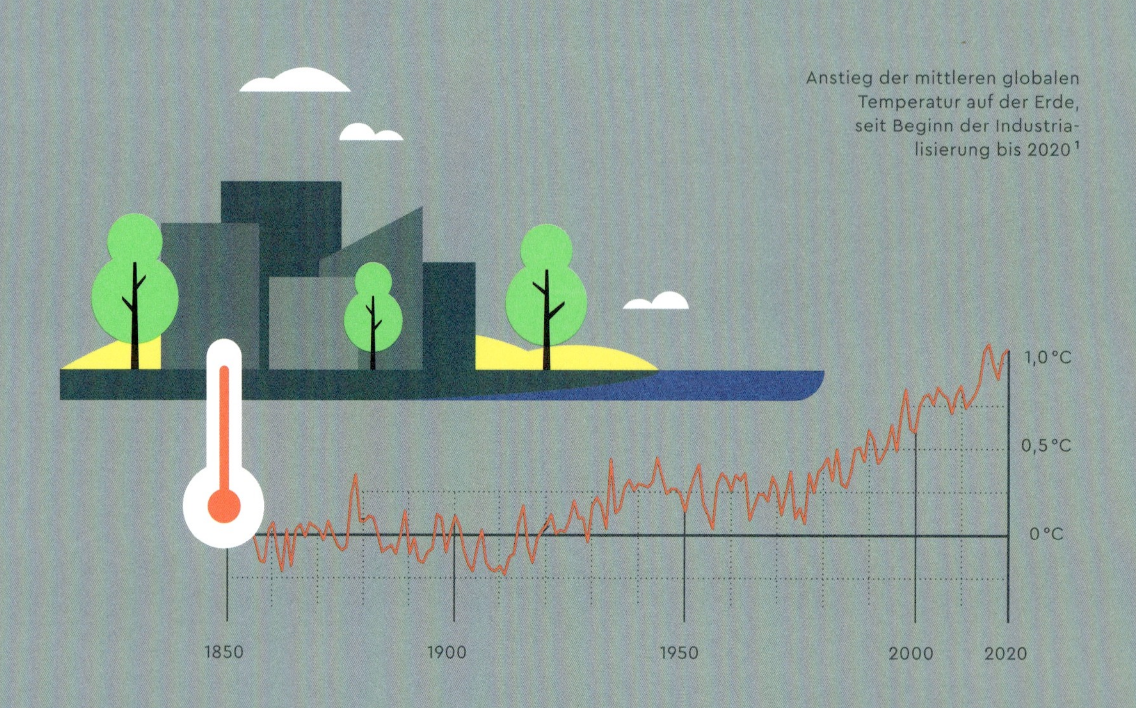

Das Klima im Wandel

Durch den enormen Ausstoß von Treibhausgasen verursacht der Mensch den bekannten Treibhauseffekt. Die Treibhausgase sammeln sich in der Erdatmosphäre an – mit drastischen Auswirkungen auf unsere Umwelt.

Wenn Sonnenlicht auf die Erdoberfläche trifft, entsteht Wärmestrahlung. Diese wird normalerweise zu einem großen Teil wieder an das Weltall abgegeben. Da die Treibhausgase in der Erdatmosphäre jedoch ähnlich wie die Folie eines Gewächshauses wirken, halten sie die Wärmestrahlung zurück. Dieser sogenannte Treibhauseffekt ist teils natürlichen Ursprungs, teils menschengemacht. Unsere Erde erwärmt sich seit der Industrialisierung deutlich schneller als je zuvor.

Ziel des Klimaschutzes ist es, diesen Temperaturanstieg zu minimieren. **Im Rahmen der UN-Klimakonferenz in Paris (2015) wurde als Ziel deklariert, die globale Erderwärmung bis zum Jahr 2100 auf maximal 1,5 °C zu begrenzen, ausgehend vom Beginn der Industrialisierung.**[2] Ein Anstieg der globalen Temperatur darüber hinaus, hätte weitaus gravierendere Veränderungen des Klimas zur Folge. Auch in Deutschland sind die Auswirkungen des Klimawandels bereits zu spüren. Mit zunehmender Temperatur verändern sich beispielsweise die Niederschläge – so kam es in den letzten Jahren häufiger zu sommerlichen Dürren und extremen Wetterereignissen, wie Stürmen oder Starkregen.

Die Veränderung des Klimas wirkt sich nicht nur auf die Tier- und Pflanzenwelt aus, sondern auch wir Menschen sind direkt von ihren Folgen betroffen, wie es die Flutkatastrophe im Ahrtal 2021 exemplarisch gezeigt hat. Schon heute gibt es besiedelte Regionen auf unserem Planeten, in denen aufgrund der hohen Außentemperaturen ein dauerhafter Aufenthalt im Freien nicht mehr möglich ist.

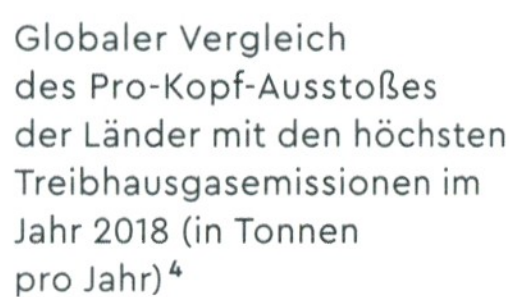

Globaler Vergleich des Pro-Kopf-Ausstoßes der Länder mit den höchsten Treibhausgasemissionen im Jahr 2018 (in Tonnen pro Jahr)[4]

Woher kommen die Treibhausgase?

Seit Beginn der Industrialisierung steigt die Menge an Treibhausgasen in der Atmosphäre stetig an. Die Ursache dafür liegt vor allem in der **Verbrennung fossiler Energieträger**, wie Öl, Kohle und Gas. Auch die **Entwaldung unseres Planeten** trägt zum Anstieg der Treibhausgaskonzentration bei, weil Bäume Kohlenstoffdioxid (CO_2) aufnehmen und speichern. CO_2 wird in großen Mengen ausgestoßen und befördert den Treibhauseffekt damit am stärksten. Neben Kohlenstoffdioxid sind Methan und Lachgas die relevantesten Treibhausgase. Die Konzentration dieser Gase in der Erdatmosphäre war über die Jahrtausende hinweg relativ konstant und ist – ähnlich wie die Temperatur auf der Erde (Abbildung S. 14) – in den letzten 200 Jahren stark angestiegen.[3]

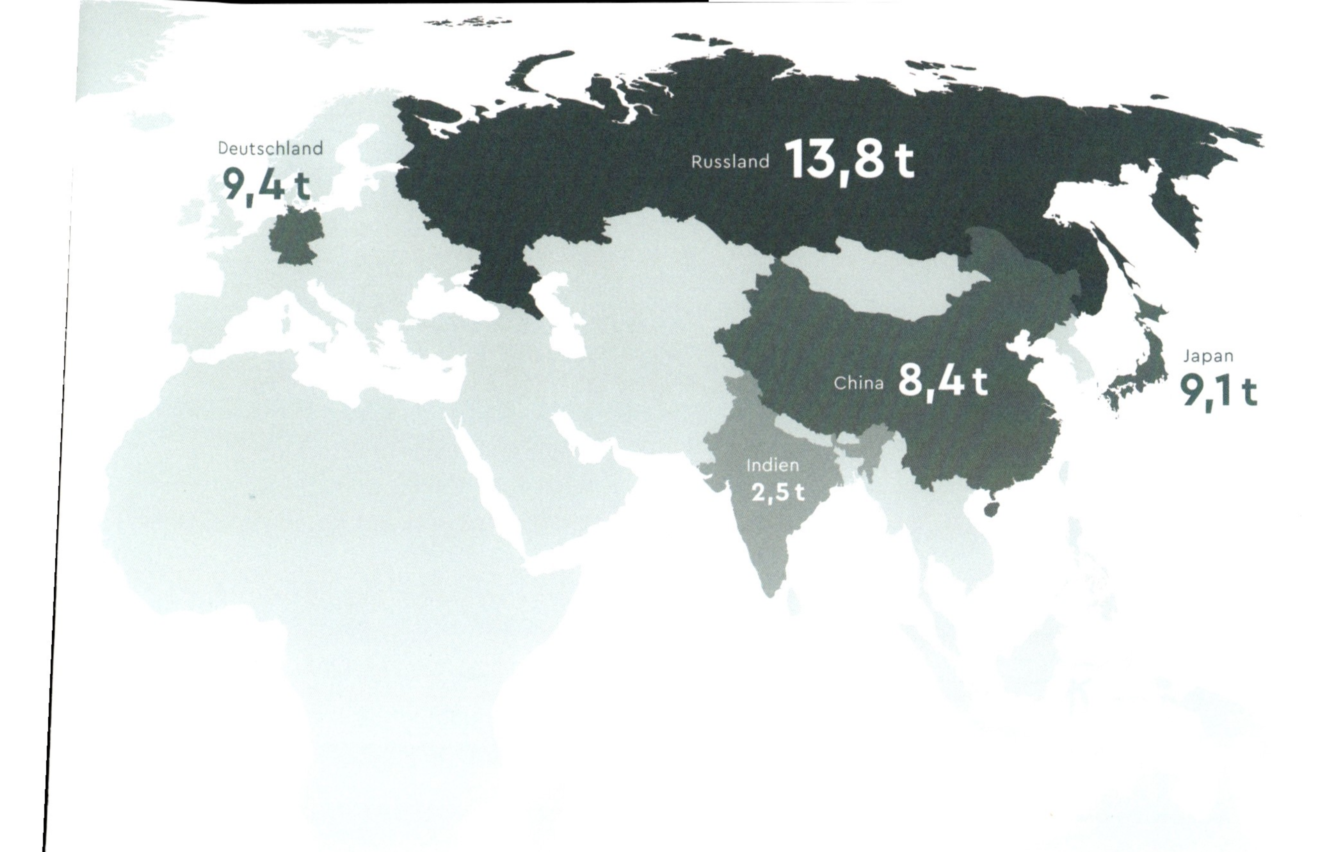

„JEDER MENSCH KANN MIT SEINEM PERSÖNLICHEN CO_2-FUßABDRUCK ETWAS VERÄNDERN!"

Heute werden Treibhausgase rund um den Globus freigesetzt. Die Eindämmung der Ursachen und Folgen des Klimawandels wird zu einer globalen Herausforderung. Geht man von den absoluten Emissionsmengen aus, so ist Europa nach China und den USA aktuell der drittgrößte Verursacher von Treibhausgasemissionen. In Deutschland liegt der jährliche Pro-Kopf-Ausstoß von CO_2e bei durchschnittlich 9,4 Tonnen – deutlich über dem weltweiten Durchschnitt von 6,5 Tonnen.[4] Das Ziel für den Klimaschutz ist es, den Ausstoß auf etwa 1 Tonne pro Kopf zu senken.[5]

Um den Ausstoß verschiedener Treibhausgase, wie Methan oder Lachgas, in einem Wert zusammenzufassen, werden deren Mengen in die äquivalente Menge von CO_2 umgerechnet. Man spricht dann von CO_2-Äquivalenten (CO_2e).

CO_2e-Emissionen pro Person in einem Einfamilienhaus mit 2 Bewohner:innen und einem jährlichen Verbrauch von 2.500 Litern Heizöl (in Tonnen pro Jahr)[6]

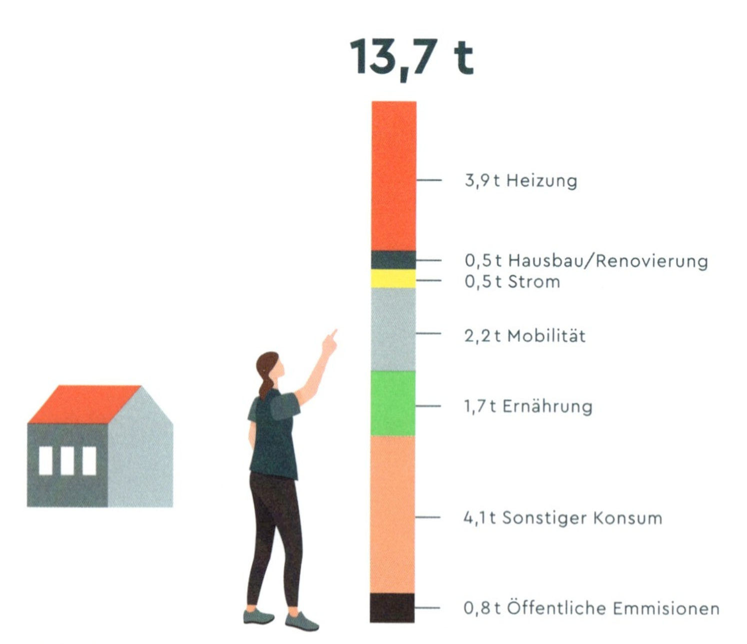

Wie groß ist mein persönlicher CO_2-Fußabdruck?

Ihren individuellen CO_2-Fußabdruck können Sie auf der Webseite des Umweltbundesamtes (UBA) unter **www.uba.co2-rechner.de** berechnen. Die jährlichen Emissionen betragen in einem Einfamilienhaus 13,7 Tonnen CO_2e pro Person und liegen damit weit über dem deutschen Durchschnitt (9,4 Tonnen).

Das Heizen hat somit einen großen Anteil daran – ähnlich wie die Kategorie **Sonstiger Konsum:** Freizeit (z. B. Haustiere, Hobbies), Konsumgüter (z. B. Fernseher, Handy) und Dienstleistungen (z. B. Restaurant, Hotel). Auch **Mobilität** und **Ernährung** tragen einen relevanten Anteil zum CO_2-Fußabdruck bei. Anhand des UBA-Rechners erfahren Sie, welche Maßnahmen zur Reduktion Ihres persönlichen CO_2-Fußabdrucks sinnvoll sind. **Das Beispiel des Einfamilienhauses zeigt, dass die Wärmeversorgung von Wohngebäuden mit fossilen Energieträgern maßgeblich zur Klimaerwärmung beiträgt.**

Die Schlüsselrolle von Bestandsgebäuden

Der Großteil der Wohngebäude in Deutschland wurde bereits vor vielen Jahrzehnten errichtet, weist eine geringe energetische Qualität der Gebäudehülle auf und wird mit Gas- oder Ölheizungen beheizt.

Die Beheizung dieser alten Wohnhäuser belastet die deutsche Emissionsbilanz erheblich. Damit spielen Bestandsgebäude eine Schlüsselrolle für das Gelingen der Energiewende. Für den größten Anteil des CO_2-Ausstoßes sind Gas- und Ölkessel verantwortlich. Das spiegelt sich auch in der Gebäudestruktur wider, denn die meisten Emissionen sind zurückzuführen auf 9 Millionen **Einfamilienhäuser** (inkl. Doppel-, Reihen- und Zweifamilienhäuser) sowie 2 Millionen **kleine bis mittlere Mehrfamilienhäuser** (3–12 Wohnungen) jeweils mit Baujahr vor 1979.

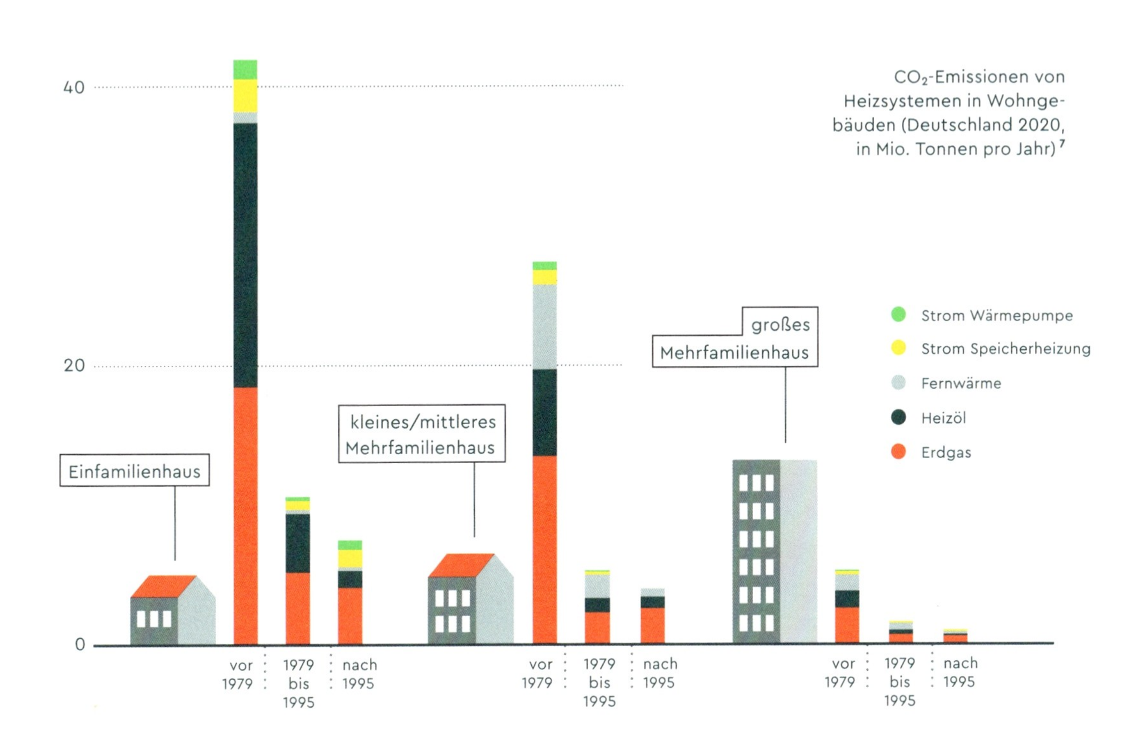

CO_2-Emissionen von Heizsystemen in Wohngebäuden (Deutschland 2020, in Mio. Tonnen pro Jahr)[7]

Weniger Treibhausgasemissionen durch Wärmepumpen

Wärmepumpen verbrennen kein Öl oder Gas, um Wärme bereitzustellen. Sie heizen überwiegend mit Umweltwärme aus Luft, Erde oder Sonne. Somit verursachen sie deutlich weniger Emissionen von Treibhausgasen als konventionelle Gas- oder Ölkessel – ein großer ökologischer Vorteil!

Zwar gibt es auch Wärmepumpen, die statt mit Strom mit Gas betrieben werden, jedoch sind diese für den Klimaschutz weniger vorteilhaft. Deshalb beziehen sich alle Aussagen in diesem Buch auf elektrische Wärmepumpen.

Wärmepumpen benötigen sehr viel **weniger Energie in Form von Strom** als gängige Heizkessel in Form von Heizöl oder Erdgas. Nur ein Drittel der bereitgestellten Energie beziehen Wärmepumpen aus Strom. Die Stromerzeugung selbst verursacht zwar auch Treibhausgasemissionen, doch diese nehmen dank **steigender Anteile erneuerbarer Energien** immer weiter ab. Ein Einfamilienhaus kann beispielsweise pro Jahr entweder mit 20.000 kWh bzw. 2.000 Litern Heizöl oder mit 6.700 kWh Strom beheizt werden. Beim Heizen mit einer Wärmepumpe entstehen vor Ort keine Abgase, sodass kein Kamin notwendig ist. Für die Emissionsbilanz ist zentral, dass der benötigte Strom zu möglichst hohen Anteilen aus erneuerbaren Energien erzeugt wird. ▶ Wie Wärmepumpen konkret arbeiten, erfahren Sie in Kapitel 3: Wie funktionieren Wärmepumpen? Um ihren ökologischen Mehrwert zu verstehen, können Sie zunächst auch ohne Kenntnisse der genauen Funktionsweise weiterlesen.

Effizienz von Wärmepumpen im Vergleich zu konventionellen Heizkesseln (2020). Die Berechnung basiert auf einer Jahresarbeitszahl von 3. Die Jahresarbeitszahl ist eine Kennzahl für die Effizienz einer Wärmepumpe (siehe S. 29).

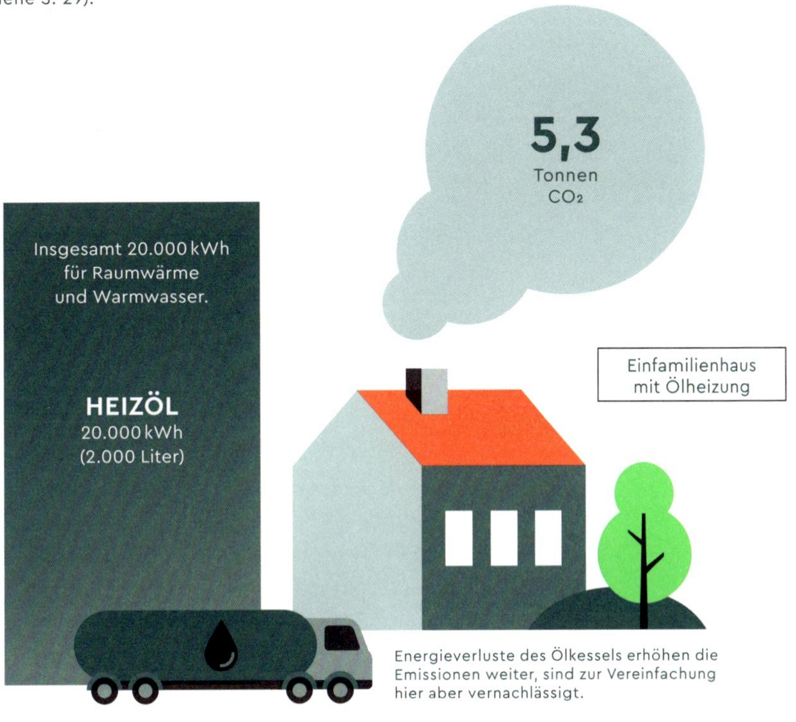

Anteil erneuerbarer Energien am Stromverbrauch in Deutschland[8]

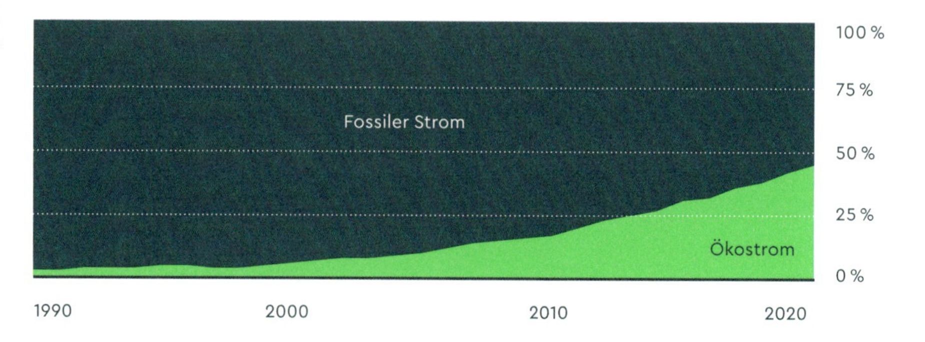

Der **Anteil erneuerbarer Energien am Strommix** hat in den letzten 20 Jahren stark zugenommen. Mittlerweile wird **fast die Hälfte (42 %)** des deutschen Strombedarfs aus regenerativen Quellen gedeckt. Im Fall des exemplarischen Einfamilienhauses (S. 20) stammen also von den rund 6.700 kWh Strom, welche die Wärmepumpe benötigt, im Schnitt rund 2.800 kWh aus erneuerbaren Energiequellen. Somit verbleiben etwa 3.900 kWh, die aus fossilen Energieträgern erzeugt werden. Im Vergleich zur Energiemenge an Heizöl (20.000 kWh) benötigt eine Wärmepumpe damit 80 % weniger Energie aus fossilen Energieträgern.

Bei der Erzeugung von Strom entstehen Treibhausgasemissionen. Dies geschieht durch die Verbrennung von Kohle und Erdgas in Kraftwerken. Um nun die Klimabilanz von Wärmepumpen und Öl- bzw. Gaskesseln zu vergleichen, eignet sich der sogenannte **Emissionsfaktor** – er gibt an, wie viel Treibhausgasemissionen je Kilowattstunde bereitgestellter Wärme entstehen.

GROẞES EINSPARPOTENZIAL!

Wärmepumpen weisen einen um etwa 145 Gramm je Kilowattstunde geringeren Emissionsfaktor auf als Ölkessel. Ein Einfamilienhaus benötigt jährlich rund 20.000 kWh Wärme. Somit vermeiden Sie mit einer Wärmepumpe den Ausstoß von 2,9 Tonnen CO_2 pro Jahr. Dies entspricht einer Autofahrt von 13.600 km.

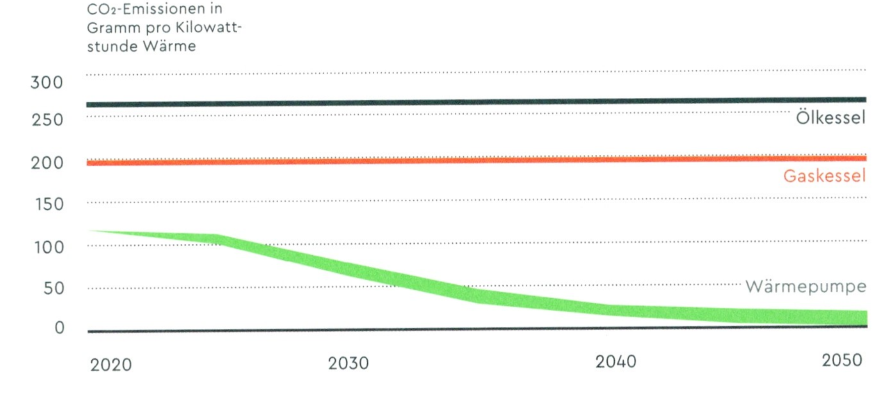

Entwicklung des Emissionsfaktors von Öl- und Gaskesseln im Vergleich zu Wärmepumpen[7]

Für die Wärmepumpe ist ein Spektrum angegeben, das Unsicherheiten bezüglich der Entwicklung des Strommixes abbildet. Für Öl- und Gaskessel wird an dieser Stelle keine Emissionsreduktion durch den Einsatz von biogenen oder synthetischen Brennstoffen angenommen.

Bei einer mittleren Effizienz (Jahresarbeitszahl von 3) verursachen Wärmepumpen schon heute **40 bis 55 % weniger Emissionen.** Werden bessere Jahresarbeitszahlen erreicht, kann der ökologische Vorteil auch bei den aktuellen Emissionsfaktoren schon höher liegen. Für Öl- und Gasheizungen liegt dieser Wert bei 264 bzw. 198 Gramm CO_2 je Kilowattstunde Wärme.[7] Der Emissionsfaktor für Wärmepumpen ist abhängig vom Anteil erneuerbarer Energien am Strommix, der tendenziell steigt. Für das Jahr 2020 liegt der Wert bei 119 Gramm CO_2 je Kilowattstunde Wärme – bis zum Jahr 2050 wird er entsprechend der Entwicklungen auf 8 bis 24 Gramm sinken. ▶ Weitere Informationen zur Zusammensetzung und Entwicklung des deutschen Strommixes finden Sie in Kapitel 7: Woher kommt die Energie?

DIE DREI ÖKOLOGISCHEN VORTEILE VON WÄRMEPUMPEN ZUSAMMENGEFASST

1. Wärmepumpen heizen größtenteils mit Umweltwärme statt mit Heizöl oder Erdgas.
2. Der benötigte Strom kommt schon heute knapp zur Hälfte aus erneuerbaren Energien.
3. Der Anteil erneuerbarer Energien am Strommix nimmt voraussichtlich weiter zu.

KAPITEL 3

WIE FUNKTIONIEREN WÄRMEPUMPEN?

Wärmepumpen arbeiten nach einem ähnlichen Prinzip wie Kühlschränke. Der Kühlschrank entzieht seinem Inneren Wärme und gibt diese an der Rückseite des Geräts an den Raum ab. Die Wärmepumpe kehrt dieses Prinzip um: Sie kühlt die Umwelt des Hauses ab, um das Gebäudeinnere (Wohnraum und Wasser) zu erwärmen. Beide Prinzipien benötigen ein Kältemittel, welches im Prozess zirkuliert.

Selbst bei kühler Winterluft, die deutlich kälter ist als die gewünschte Raumtemperatur, kann ein Haus so beheizt werden: Die Wärmepumpe nimmt Energie aus der Umwelt (Luft, Erde oder Sonne) auf und gibt diese auf einem anderen Temperaturniveau an den Heizkreis ab. **Dafür werden zwei Effekte genutzt, die wir aus unserem Alltag kennen:**

DAS VERDAMPFEN VON FLÜSSIGKEIT ENTZIEHT WÄRME

Wenn wir schwitzen, kühlt unsere Haut über den Effekt der Verdunstung ab. Nach demselben Prinzip entzieht die Wärmepumpe der Umwelt Wärmeenergie, indem sie Flüssigkeit verdampft.

DAS KONDENSIEREN VON DAMPF SETZT WÄRME FREI

Aus diesem Grund sind Verbrennungen mit heißem Dampf schlimmer als solche mit heißem Wasser. Die Wärmepumpe kondensiert also Dampf und gibt darüber Wärmeenergie an den Heizkreis ab.

Für diesen Kreislauf ist, wie beim Kühlschrank, ein Kältemittel notwendig. Dieses hat die Besonderheit, dass es bereits bei sehr niedrigen Temperaturen verdampft. Somit kann es auch Umweltwärme aus kalter Winterluft aufnehmen, indem es die Luft weiter abkühlt. Die aufgenommene Wärme wird dann an das Wasser im Heizkreis abgegeben und der Kreislauf beginnt erneut. Um diesen Prozess am Laufen zu halten, benötigt die Wärmepumpe Strom. ▶ Für Technikinteressierte ist die Funktionsweise von Wärmepumpen im Folgenden noch detaillierter erklärt. Alternativ können Sie diesen Teil überspringen und ab S. 29 mehr darüber erfahren, welche Faktoren die Effizienz von Wärmepumpen bestimmen.

Den Großteil ihrer Heizenergie bezieht die Wärmepumpe aus der Umwelt. Zusätzlich wird Antriebsenergie für den Kompressor (Verdichter) benötigt. Diese kann durch verschiedene Energieträger bereitgestellt werden. Ein elektrischer Kompressor ist für die Erreichung der Klimaziele am vorteilhaftesten.

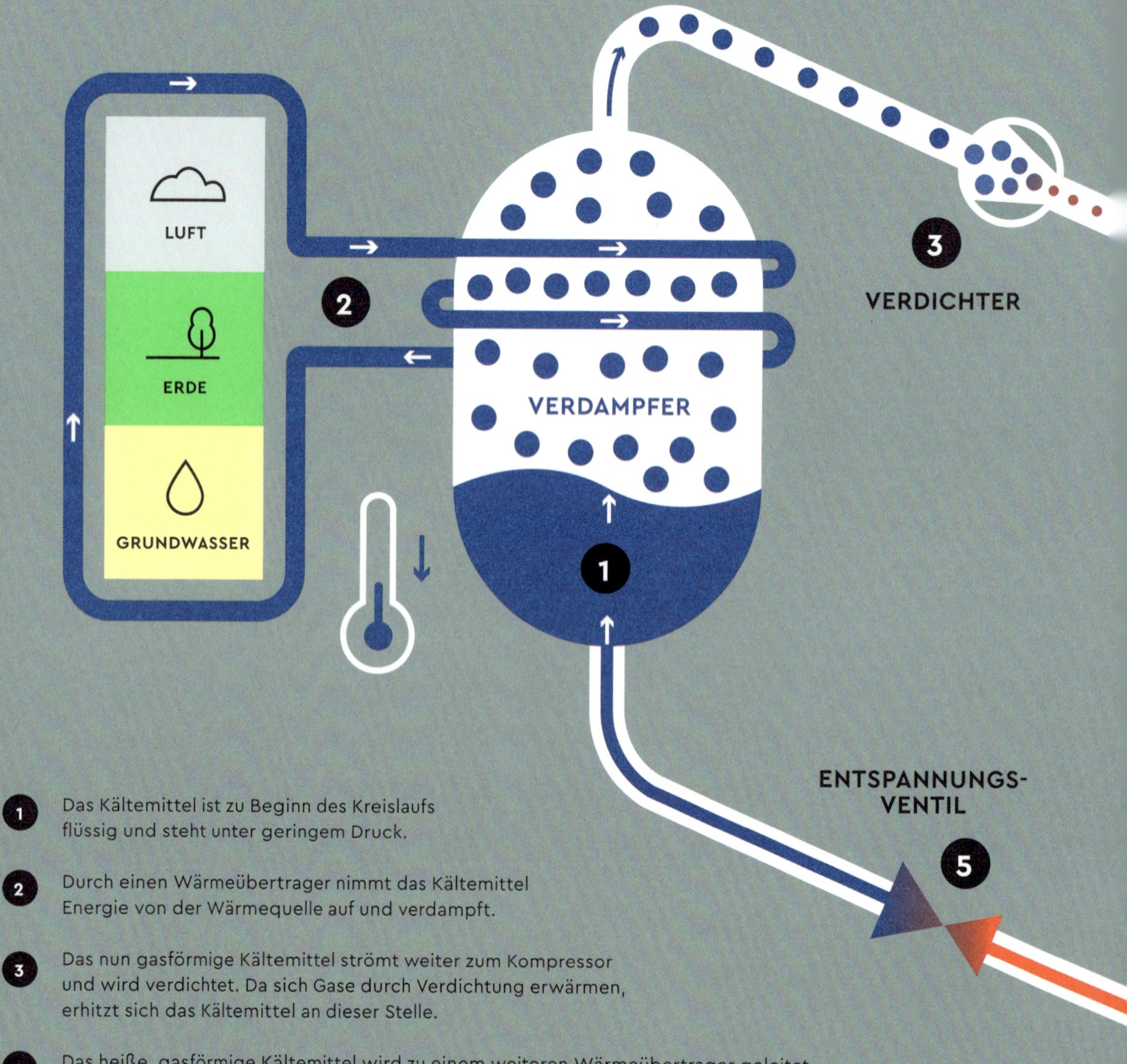

1. Das Kältemittel ist zu Beginn des Kreislaufs flüssig und steht unter geringem Druck.
2. Durch einen Wärmeübertrager nimmt das Kältemittel Energie von der Wärmequelle auf und verdampft.
3. Das nun gasförmige Kältemittel strömt weiter zum Kompressor und wird verdichtet. Da sich Gase durch Verdichtung erwärmen, erhitzt sich das Kältemittel an dieser Stelle.
4. Das heiße, gasförmige Kältemittel wird zu einem weiteren Wärmeübertrager geleitet. Dort kondensiert es und gibt Wärme an den Heizkreislauf des Hauses ab.
5. Das jetzt wieder flüssige Kältemittel steht noch unter Druck. Damit es wieder Energie von der Wärmequelle aufnehmen kann, wird der Druck durch ein Entspannungsventil reduziert. Durch die Druckreduktion kühlt sich das Kältemittel stark ab, sodass es kälter ist als die Wärmequelle. Der Kreislauf beginnt von vorn.

Die Technik im Detail

Die Wärmepumpe nutzt einen Kreisprozess: Ein sogenanntes Kältemittel zirkuliert im Kreis. Dieser Effekt beruht auf der gezielten Nutzung verschiedener Temperatur- und Druckniveaus an unterschiedlichen Punkten innerhalb des Kreislaufs.

Das Kältemittel – was steckt dahinter?

Wärmepumpen nutzen ein Kältemittel, um der Umwelt Wärmeenergie zu entziehen und damit das Gebäudeinnere zu erwärmen. Für das Heizen muss das Kältemittel bereits bei sehr geringen Temperaturen verdampfen, um auch bei kalten Außentemperaturen Umweltwärme aufnehmen zu können. **Idealerweise hat es folgende Eigenschaften:**

- **hohe Wärmeleitfähigkeit**
- **geringes Dampfvolumen**
- **nicht brennbar**
- **nicht giftig**
- **geringes Treibhauspotenzial**

Das Treibhauspotenzial (engl.: Global Warming Potential; kurz GWP) wird immer im Vergleich zu CO_2 angegeben. CO_2 hat ein GWP von 1.

Da es kaum ein Kältemittel gibt, das all diese Eigenschaften vereint, müssen bei mindestens einem der Aspekte Einbußen in Kauf genommen werden. Grundsätzlich wird unterschieden zwischen **natürlichen** (z. B. Propan, Kohlenstoffdioxid, Ammoniak oder Wasser) **und synthetischen Kältemitteln** (z. B. Fluorkohlenwasserstoffe). Aktuell werden in Wärmepumpen aufgrund technischer Vorteile häufig synthetische Kältemittel eingesetzt. Der Nachteil ist, dass diese ein sehr hohes Treibhauspotenzial haben, das bis zu 1000-mal höher sein kann als das von CO_2. Allerdings kommt dieser Aspekt nur in dem seltenen Fall zum Tragen, wenn das Kältemittel ungewollt austritt und in die Umwelt gelangt.

Im Regelfall zirkuliert das Kältemittel in einem geschlossenen Kreislauf (S. 26–27) und tritt nicht in die Umgebung aus. Dafür sind eine regelmäßige Wartung sowie eine fachgerechte Entsorgung von Wärmepumpen erforderlich. Natürliche Kältemittel haben ein deutlich geringeres Treibhauspotenzial als synthetische und sind somit im Fall einer Undichtigkeit umweltfreundlicher. Um die Emissionen aus Kältemitteln zu senken, wurde 2015 die sogenannte **F-Gase-Verordnung** ins Leben gerufen.

Ziel ist es, die Emissionen aus fluorierten Treibhausgasen (kurz: F-Gasen) bis zum Jahr 2030 um 70 Millionen Tonnen CO_2e zu reduzieren. Zu diesen F-Gasen gehören auch synthetische Kältemittel, die in Wärmepumpen eingesetzt werden. Mit der Verordnung soll ein Anreiz geschaffen werden, Alternativen zu F-Gasen zu verwenden.

Dieses Ziel wird über eine schrittweise Beschränkung der verfügbaren Mengen an teilfluorierten Kohlenwasserstoffen (HFKW) sowie Verbote zu deren Einsatz erreicht werden – sofern klimafreundliche Alternativen vorhanden sind. In neuen Modellen von Wärmepumpen werden deshalb immer häufiger natürliche Kältemittel, wie zum Beispiel Propan oder CO_2, eingesetzt.

Effizienzbestimmung von Wärmepumpen

$$\text{Effizienz} = \frac{\text{Menge bereitgestellter Wärme}}{\text{Stromverbrauch}}$$

Mit dieser einfachen Formel lässt sich die Effizienz bestimmen. Bei einer konstant bleibenden Menge an Wärmeenergie gilt: Je höher die Effizienz, desto geringer sind der Stromverbrauch und somit die laufenden Kosten! Es gibt zwei Kennzahlen:

DIE LEISTUNGSZAHL

beschreibt die Effizienz zu einem bestimmten Zeitpunkt – also das Verhältnis von Wärmeleistung und zugeführter elektrischer Leistung.

Mit der Leistungszahl können Sie die Wärmepumpen verschiedener Hersteller miteinander vergleichen. **Wichtig:** Vergleichen Sie nur Werte, die unter gleichen Rahmenbedingungen gemessen wurden. Zudem sollte die Leistungszahl nur von Wärmepumpen ähnlicher Leistung verglichen werden.

Die genannten Werte finden Sie auf den Produktdatenblättern der Hersteller, die meist online verfügbar sind. Typische Werte liegen zwischen 3,5 und 5,5. **Je höher der Wert, desto effizienter arbeitet die Wärmepumpe.**

DIE JAHRESARBEITSZAHL (JAZ)

beschreibt die mittlere Effizienz eines ganzen Jahres. Sie wird berechnet aus dem Verhältnis der jährlich bereitgestellten Wärmeenergie zum Jahresstromverbrauch.

Die Jahresarbeitszahl gibt die Effizienz einer Wärmepumpenanlage über einen längeren Zeitraum an. Werden beispielsweise für die Bereitstellung von 15.000 kWh Wärmeenergie 5.000 kWh Strom benötigt, dann ergibt sich eine Jahresarbeitszahl von 3. Die restlichen 10.000 kWh gewinnt die Wärmepumpe aus der Umwelt (z. B. aus der Außenluft) – völlig kostenfrei! Typische Werte liegen zwischen 2,5 und 4,5. Unter **www.waermepumpe.de/jazrechner** erfahren Sie, welche Jahresarbeitszahl Sie von Ihrem System erwarten können.

Die beiden Kennzahlen lassen sich vergleichen mit einer einzelnen Schulnote (Leistungszahl) und dem Notendurchschnitt des gesamten Jahres (Jahresarbeitszahl).

Hersteller verwenden zum Beispiel die Bezeichnung A0W45. A0 steht hierbei für eine Außenlufttemperatur von 0 °C und W45 steht für eine Vorlauftemperatur von 45 °C.

KAPITEL 4

WAS IST IN MEINEM HAUS MÖGLICH?

Wärmepumpen können in fast jedem Wohngebäude eingesetzt werden. Die konkrete Umsetzung hängt jedoch von den individuellen technischen Rahmenbedingungen ab. Möglicherweise sind Modernisierungsmaßnahmen sinnvoll, um Energie zu sparen. Informieren Sie sich im Vorfeld ausführlich darüber – das ist das A und O!

Je nach Ausgangszustand von Gebäude und Ausstattung gibt es unterschiedliche Möglichkeiten, eine Wärmepumpe einzusetzen. Durch **Modernisierungsmaßnahmen**, wie die Dämmung des Gebäudes oder den Austausch von Heizkörpern, kann der Wärmebedarf reduziert bzw. die Effizienz der Wärmepumpe erhöht werden. **Grundsätzlich gilt:** Je mehr finanzielle Mittel Sie in die Gebäudehülle, die Wärmeverteilung und die Wärmequelle investieren, desto effizienter und günstiger kann die Wärmepumpe arbeiten. **Für die Höhe des Stromverbrauchs einer Wärmepumpe und die Einstufung des energetischen Zustands des Gebäudes sind neben der fachgerechten Planung und Installation folgende Faktoren und Fragestellungen ausschlaggebend und zu beachten:**

1. MUSS MEIN GEBÄUDE GEDÄMMT WERDEN?
2. HEIZKÖRPER ODER FUßBODENHEIZUNG?
3. WELCHE ROLLE SPIELT TRINKWARMWASSER?
4. WELCHE WÄRMEQUELLE IST DIE PASSENDE?

Wärmepumpen können im Sommer auch zum Kühlen eingesetzt werden. Das ist allerdings nur mit einer Fußbodenheizung oder speziellen Niedertemperatur-Heizkörpern möglich. Es gibt zwei Arten von Kühlung: Die **aktive Kühlung** funktioniert mit allen Wärmequellen – der Kreislauf der Wärmepumpe wird hierbei einfach umgekehrt. Bei der **passiven Kühlung** wird der Temperaturunterschied zwischen Raum- und Quellentemperatur genutzt. Deshalb ist diese Variante nur in Kombination mit einer Erd- oder Grundwasserwärmepumpe möglich. Wie stark die Raumtemperatur in Ihrem Haus gesenkt werden kann, hängt von mehreren Faktoren ab. ▶ Weitere Informationen rund um das Kühlen mit Wärmepumpe erhalten Sie online und bei Ihrem Fachbetrieb. Hinweise zur Abwägung von Investitions- und Betriebskosten finden Sie in Kapitel 6: Mit welchen Gesamtkosten muss ich rechnen?

Der energetische Zustand des Gebäudes

Auch wenn Sie den Eindruck haben, der Zustand Ihres Gebäudes sei in Ordnung, ist es dennoch ratsam, die energetische Qualität objektiv zu bewerten. Eine hilfreiche Kennzahl hierfür ist die Energieeffizienzklasse. Diese bietet einen ersten Anhaltspunkt für die Überlegung, ob sich Sanierungsmaßnahmen lohnen.

Die **Energieeffizienzklasse** ist ein Indikator für die energetische Qualität eines Gebäudes. Sie ist, falls vorhanden, aus dem **Energieausweis** abzulesen. Es werden neun Klassen von **A+ bis H** unterschieden. In welche Energieeffizienzklasse ein Gebäude eingeordnet wird, ist abhängig vom Endenergieverbrauch der Wärmebereitstellung pro Quadratmeter und Jahr. Ein **gut saniertes** Einfamilienhaus verbraucht jährlich rund 90 kWh/m^2, während es im **unsanierten** Zustand über 200 kWh/m^2 sein können. Ein **neu gebautes** Einfamilienhaus hingegen kann jährlich unter 70 kWh/m^2 erreichen.

Energieeffizienzklasse	Endenergieverbrauch in kWh pro m² und Jahr
A+	≤ 30
A	31 - 50
B	51 - 75
C	76 - 100
D	101 - 130
E	131 - 160
F	161 - 200
G	201 - 250
H	> 250

GUT ZU WISSEN – DIE ENERGIETYPEN

Nutzenergie ist die Energie, die tatsächlich verwendet wird (z. B. Licht oder Wärme).

Endenergie ist die gesamte Energie, die Ihnen in Ihrem Haus zur Verfügung steht (z. B. Heizöl, Erdgas oder Strom).

Primärenergie umfasst zusätzlich den Energieaufwand für die Umwandlung und den Transport der Energie zu Ihrem Haus.

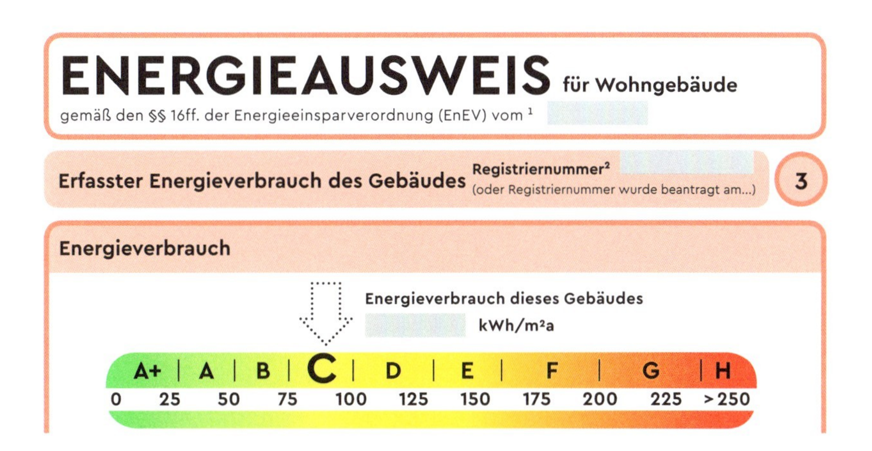

Energieausweise werden unterteilt in **Verbrauchs- und Bedarfsausweise.** Während sich der Verbrauch auf tatsächlich gemessene Werte bezieht, wird der Bedarf von Energieberater:innen berechnet. **Falls Ihnen kein Energieausweis vorliegt, können Sie die Effizienzklasse Ihres Gebäudes anhand des jährlichen Endenergieverbrauchs selbst ermitteln.** Wenn Sie mit Gas heizen, können Sie den benötigten Wert aus der Jahresabrechnung ablesen. Für die Bestimmung der Effizienzklasse eines Hauses mit Ölheizung müssen die verbrauchten Liter pro Jahr mit 10 kWh multipliziert werden, um den Endenergieverbrauch zu erhalten. **Folgende allgemeine Formel ist dann anzuwenden:**

$$\frac{\text{Endenergieverbrauch pro Jahr in kWh}}{\text{Wohnfläche des Hauses in m}^2} = \text{spezifischer Endenergieverbrauch in kWh/m}^2 \text{ pro Jahr}$$

RECHENBEISPIEL MIT ÖLHEIZUNG

Ölverbrauch in Liter pro Jahr x 10 kWh pro Liter = Endenergieverbrauch

2.000 Liter pro Jahr x 10 kWh pro Liter = **20.000 kWh pro Jahr**

Wohnfläche: 140 m²

$$\frac{\text{20.000 kWh pro Jahr}}{\text{140 m}^2} = \sim \text{143 kWh/m}^2 \text{ pro Jahr}$$

(entspricht Effizienzklasse E)

Möglichkeiten der Dämmung

Der Wärmebedarf eines Bestandsgebäudes hängt vom energetischen Zustand seiner Gebäudehülle ab. Um den Bedarf zu reduzieren, kann eine Dämmung des Gebäudes oder einzelner relevanter Bauteile sinnvoll sein. Die folgenden Bauteile der Gebäudehülle beeinflussen den Energiebedarf zum Heizen:

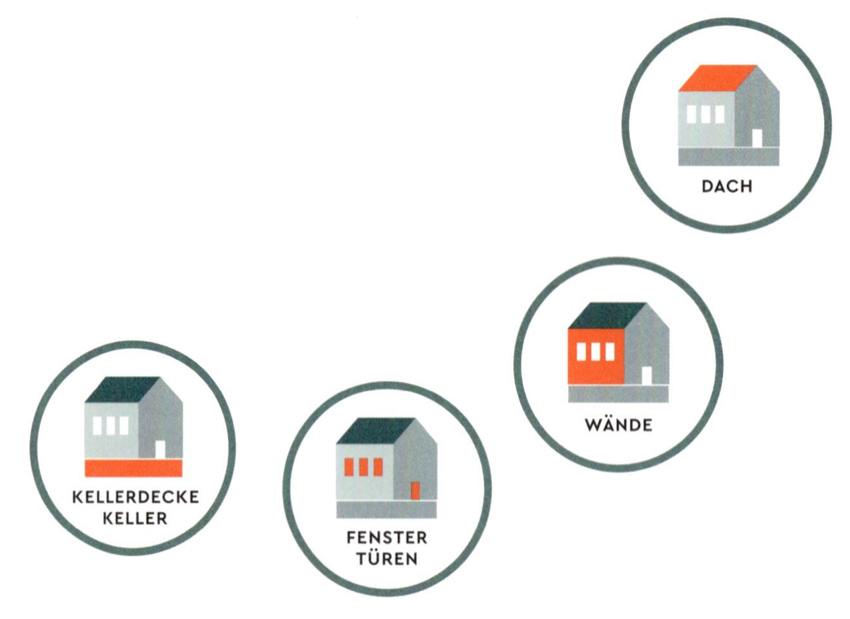

Die Gebäudehülle ist mit unserer Kleidung vergleichbar: So trägt ein unsaniertes Haus aus den 1970er-Jahren nur einen Pullover, während ein gedämmtes Gebäude eine Winterjacke anhat.

Je nach Ausgangszustand der genannten Bauteile wird eine Sanierung den Wärmebedarf mehr oder weniger reduzieren. Um die individuellen Möglichkeiten zu ermitteln, können Sie sich im Rahmen einer Energieberatung einen **individuellen Sanierungsfahrplan (iSFP)** erstellen lassen. Eine Bestandsaufnahme zeigt, in welchem Zustand die einzelnen Bauteile sind und wie sich dieser verbessern lässt. Zusätzlich ermöglicht der iSFP einen **Bonus von 5 %** für die Umsetzung von Einzelmaßnahmen.

Muss mein Gebäude gedämmt werden?

Aus **technischer Sicht** muss Ihr Haus nicht unbedingt gedämmt werden, um eine Wärmepumpe einsetzen zu können. Aus **finanzieller Sicht** kann eine Dämmung aber interessant sein, vor allem, wenn das Gebäude in einem schlechten energetischen Zustand ist. Eine energetische Sanierung erhöht außerdem den **Wohnkomfort** und hat **ökologische Vorteile.** Falls also Maßnahmen, wie ein Dachausbau oder Arbeiten an der Fassade, geplant sind, ist dies eine Chance, im selben Zuge die Dämmung des Gebäudes zu optimieren.

Ob es empfehlenswert ist, Ihr Haus zu dämmen, kann nicht pauschal beantwortet werden. Um den Effekt von Dämmmaßnahmen zu bewerten, sind neben dem energetischen Zustand des Gebäudes weitere Faktoren, wie Bauweise und Nutzung, zu berücksichtigen. ▶ Welchen Mehrwert ein individueller Sanierungsfahrplan für Sie hat, erfahren Sie auf den folgenden Seiten.

Falls Sie eine Dämmung in Erwägung ziehen, sollte diese vor dem Einbau der Wärmepumpe erfolgen. So kann die Leistung der Wärmepumpe entsprechend geringer dimensioniert werden – das senkt die Investitionskosten und vermeidet Effizienzverluste!

GROßES EINSPAR-POTEN-ZIAL!

Was bringt mir ein individueller Sanierungsplan?

Wie Ihr Gebäude schrittweise saniert werden kann, beschreibt ein individueller Sanierungsfahrplan (iSFP). Teil der **Maßnahmenpakete** können beispielsweise die Dämmung des Gebäudes oder ein Austausch der Heizung sein. Ziel des Fahrplans ist, den Wärmebedarf und -verbrauch zu reduzieren und damit die Effizienzklasse des Gebäudes zu verbessern. Welche Kosten für die jeweiligen Maßnahmen entstehen und welche Förderungen möglich sind, wird ebenfalls festgehalten. **So könnte ein individueller Sanierungsfahrplan[9] aussehen:**

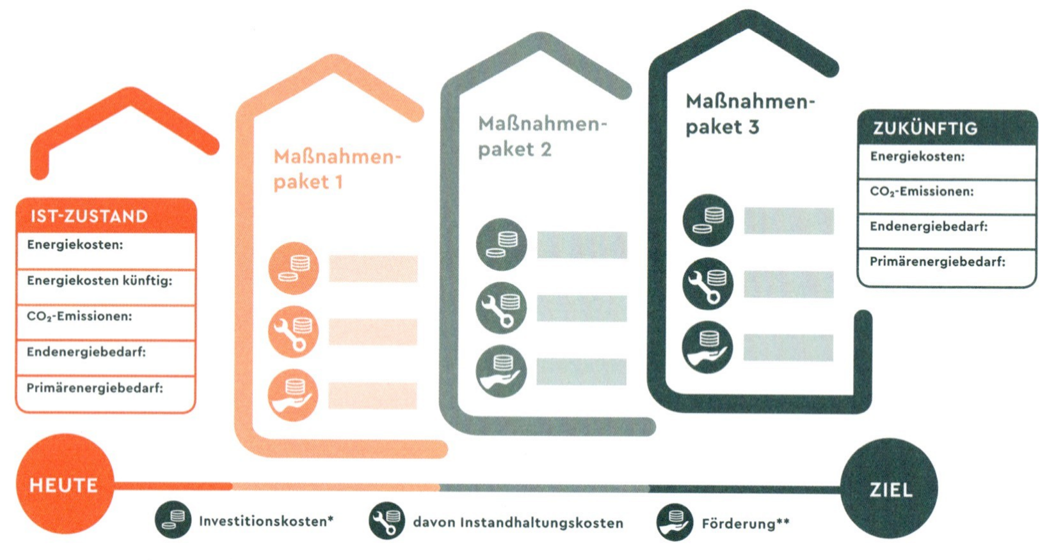

* Die angegebenen Investitionskosten beruhen auf einem Kostenüberschlag zum Zeitpunkt der Erstellung des Sanierungsplans. ** Förderbeträge zum Zeitpunkt der Erstellung des Sanierungsplans; aktuelle Fördermöglichkeiten bitte zum Zeitpunkt der Umsetzung prüfen.

Durch die Erstellung eines iSFP entsteht keine Verpflichtung, die ermittelten Maßnahmen durchzuführen. **Ihr Vorteil:** Bei Vorlage eines iSFP erhalten Sie für die Durchführung einzelner Sanierungsmaßnahmen den sogenannten **iSFP-Bonus in Höhe von 5 %.** Der iSFP selbst wird zu **80 % gefördert** und kostet Sie damit rund 300 €.

Diese Investition lohnt sich bereits ab Ausgaben in Höhe von 6.000 € für nachfolgende Sanierungen (Wärmeerzeuger ausgenommen). Unter **www.energie-effizienz-experten.de** finden Sie Anlaufstellen für eine Energieberatung in Ihrer Nähe.

Verbesserungspotenzial des Gebäudebestands in Deutschland

Der Großteil der bestehenden Wohngebäude in Deutschland befindet sich in einem verbesserungswürdigen energetischen Zustand. Trifft dies auch auf Ihr Haus zu, so kann eine Dämmung der Gebäudehülle eine Überlegung wert sein. Diese reduziert langfristig die Betriebskosten und trägt zum Werterhalt Ihrer Immobilie bei.

Hilfreiche Indikatoren für die Entscheidung für oder gegen eine Dämmung sind der **Energiebedarf** und der **Energieverbrauch**. Typischerweise ist der berechnete Bedarf an Energie im Altbau höher als der reale Verbrauch, da die Nutzer:innen hier meistens sparsamer sind als in der Theorie angenommen. Umgekehrt ist im Neubau der tatsächliche Verbrauch oft höher als der berechnete Bedarf, weil hier in der Praxis insgesamt weniger sparsam geheizt wird.

GUT ZU WISSEN – BEDARF & VERBRAUCH

Der **Energiebedarf** ist ein berechneter Wert, eine theoretische Bewertung der energetischen Qualität der Gebäudehülle – unabhängig davon, wie konkret geheizt wird.

Der **Energieverbrauch** hingegen entspricht tatsächlich gemessenen Werten und spiegelt somit auch das individuelle Heizverhalten wider.

Anteile der Wohnfläche
je Energieeffizienzklasse
in Deutschland[10]

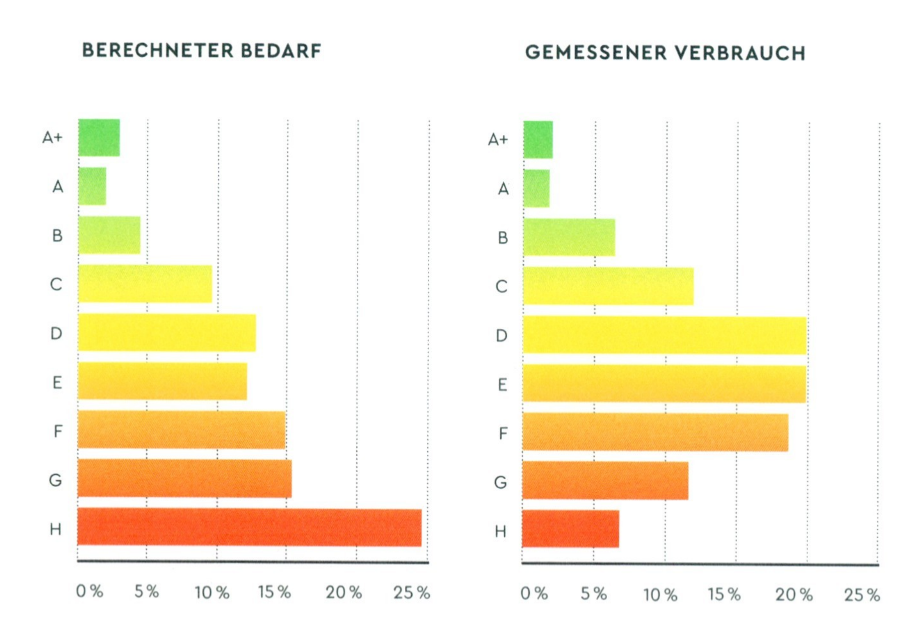

Der energetische Zustand des deutschen Wohngebäudebestands hat erhebliches Verbesserungspotenzial. Mit dem **Bedarf** wird ausschließlich die **Qualität der Gebäudehülle bewertet**. Hier sind die Klassen **F bis H** am häufigsten vertreten. Die Außenhülle vieler Gebäude in Deutschland weist also eine geringe energetische Qualität auf, denn der Großteil wurde vor über 30 Jahren gebaut und bisher noch nicht umfassend modernisiert. Durch sparsames Nutzerverhalten im Altbau wird die schlechte energetische Qualität zum Teil kompensiert, sodass nach dem **tatsächlich gemessenen Verbrauch** die Klassen **D bis F** am häufigsten vorkommen. Aber auch hier ist noch Luft nach oben!

Was bedeutet das für mich?

Liegt Ihr Gebäude in einer mittleren bis schlechten Energieeffizienzklasse, dann benötigt es vergleichsweise viel Energie. Je schlechter der energetische Zustand Ihres Gebäudes ist, desto größer ist das Potenzial einer energetischen Sanierung. Eine Dämmung ist jedoch nicht die einzige Möglichkeit, die Emissionen eines Gebäudes zu reduzieren. Die Umstellung der Heizung kann auch ohne vorherige Dämmung signifikanten Einfluss auf den Ausstoß von Treibhausgasen haben. Der größte Effekt ist möglich, wenn das Gebäude gedämmt **und** eine Heizung auf Basis **erneuerbarer Energien** installiert wird.

Heizkörper oder Fußbodenheizung?

Wärmepumpen werden bevorzugt in Kombination mit Flächenheizungen, wie zum Beispiel einer Fußbodenheizung, eingesetzt. Da Flächenheizungen eine geringere Vorlauftemperatur benötigen als herkömmliche Heizkörper, kann die Wärmepumpe so effizienter arbeiten.

Als Vorlauftemperatur wird die Temperatur des warmen Wassers bezeichnet, das den Heizkörper durchströmt.

Auch die Kombination aus Wärmepumpe und Heizkörper ist praxiserprobt und kann zu einem effizienten Ergebnis führen. Je nach Dimensionierung des Heizsystems ist eine mehr oder weniger hohe **Vorlauftemperatur** nötig, um den Wärmebedarf für die Beheizung bereitzustellen. Da der Temperaturunterschied zwischen Wärmequelle und Vorlauftemperatur entscheidend für die Effizienz einer Wärmepumpe ist, können Strom und folglich Kosten gespart werden, indem die Vorlauftemperatur möglichst weit abgesenkt wird. **Grundsätzlich gibt es drei Systeme, die auch in Kombination mit Heizkörpern umgesetzt werden können:**

	HEIZSYSTEM	HEIZFLÄCHE	VORLAUFTEMPERATUR	EFFIZIENZ
1		klein	hoch	gering
2		mittel	mittel	mittel
3		groß	niedrig*	hoch

*Statt mit einer Fußbodenheizung kann dies auch mit Niedertemperatur-Heizkörpern erreicht werden. (siehe S. 46 ff.)

Welche Temperatur benötigen die Heizkörper, um den Raum zu beheizen?

Bei einem **Hochtemperatur-System** ist die Fläche des Heizkörpers im Verhältnis zur Größe des Raumes – bzw. dessen Wärmebedarf – klein. Das heißt, die benötigte Heizwärme ist über eine kleine Heizkörperfläche an den Raum abzugeben. Dafür muss der Heizkörper an kalten Wintertagen sehr heiß werden. Im **Mitteltemperatur-System** ist der Heizkörper deutlich größer dimensioniert, sodass mehr Fläche für die Wärmeabgabe zur Verfügung steht und die notwendige Vorlauftemperatur reduziert werden kann. **Niedertemperatur-Systeme** haben im Vergleich zum Raumvolumen eine sehr große Fläche zur Wärmeübertragung – es ist also nur eine geringe Vorlauftemperatur nötig. Das wohl bekannteste dieser Systeme ist die Fußbodenheizung. Alternativ gibt es auch spezielle Niedertemperatur-Heizkörper, die ebenfalls nur eine geringe Vorlauftemperatur benötigen. Die **Dimensionierung der Heizkörper** orientiert sich am kältesten Tag des Jahres, also dem Tag des höchsten Wärmebedarfs. Schließlich müssen auch bei sehr kalten Außentemperaturen alle Räume beheizt werden können. Die Auslegung der Heizung auf den kältesten Tag des Jahres hat zur Folge, dass das Heizsystem an den meisten Tagen der Heizperiode deutlich weniger ausgelastet ist. Bei durchschnittlichen Außentemperaturen müssen die Heizkörper also nicht bis zur maximalen Vorlauftemperatur aufgeheizt werden, um die gewünschte Raumtemperatur zu erreichen. **Grundsätzlich gilt:** Je kälter es draußen ist, desto stärker sind die Heizkörper aufzuheizen, um die Räume mit ausreichend Wärme zu versorgen.

Damit es am kältesten Tag des Jahres im Haus angenehm warm wird, ist bei einem Hochtemperatur-System eine viel höhere Vorlauftemperatur (75 °C) nötig als bei einem Mitteltemperatur- (55 °C) oder Niedrigtemperatur-System (35 °C).

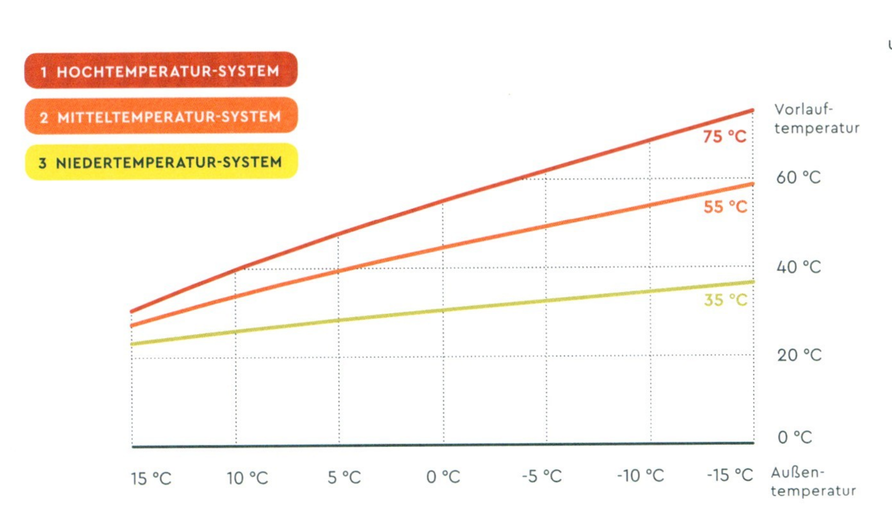

Heizkurve der unterschiedlichen Heizsysteme

DAS HOCHTEMPERATUR-SYSTEM

Dieses System ist ein Standard in Bestandsgebäuden. Für den Betrieb einer Wärmepumpe ist es allerdings nicht optimal. Es benötigt eine hohe Vorlauftemperatur und führt deshalb zu einem hohen Stromverbrauch. Häufig lässt sich die Vorlauftemperatur durch den Austausch alter Heizkörper senken. Alternativ kommt der Einsatz einer Hochtemperatur-Wärmepumpe infrage.

Welche Vorlauftemperatur zum Heizen notwendig ist, hängt immer von der Außentemperatur ab. **Die Differenz zwischen beiden Temperaturen bestimmt die Effizienz der Luftwärmepumpe.** Dieser Zusammenhang wird in der Abbildung, exemplarisch anhand einer Heizperiode von Oktober bis März, deutlich. Die blaue Linie zeigt die **Außenlufttemperatur** im Tagesmittel für Mitteldeutschland. Nur wenige Tage bis Wochen im Jahr fällt diese unter 0 °C. Die rote Linie steht für die **Vorlauftemperatur** eines Hochtemperatur-Systems. Bei geringen Außentemperaturen muss diese ansteigen, um über dieselbe Heizfläche den Raum mit ausreichend Wärme zu versorgen. Je näher Außen- und Vorlauftemperatur also zusammenliegen, desto effizienter kann die Luftwärmepumpe arbeiten und desto weniger Strom verbraucht sie. Im Winter ist der Stromverbrauch deutlich höher als in den Übergangszeiten.

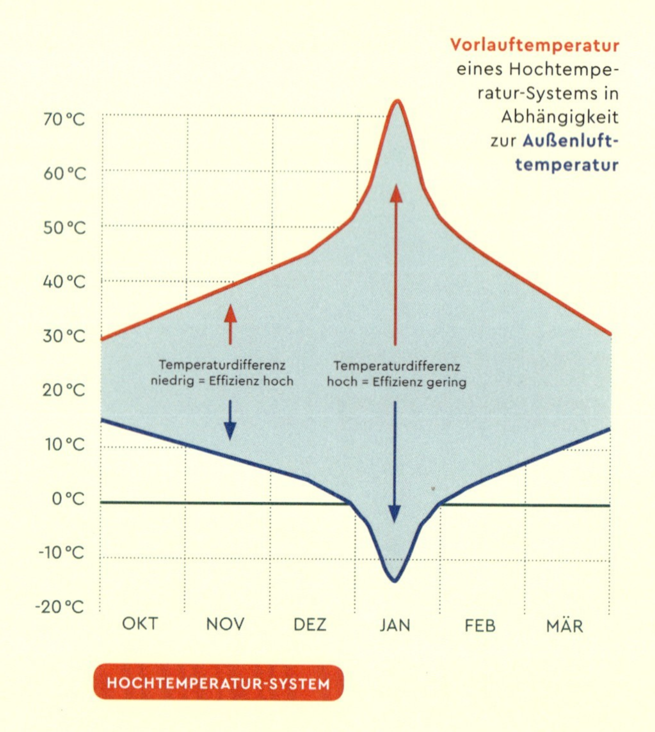

Jahresverlauf der Effizienz von Luftwärmepumpen. Für andere Wärmequellen ist die blaue Kurve weniger stark saisonal geprägt: Sie sinkt im Winter weniger ab, sodass die Effizienz der Anlage etwas höher ist.

Habe ich ein Hochtemperatur-System?

Werden die Heizkörper in Ihrem Haus im Winter sehr heiß, dann haben Sie aktuell ein Hochtemperatur-System. In diesem Fall sind die Heizkörper im Vergleich zum Wärmebedarf der Räume möglicherweise **knapp dimensioniert**. Die kleine Fläche der Heizkörper muss durch eine **hohe Vorlauftemperatur** ausgeglichen werden – das kann sowohl durch Röhren- als auch durch Plattenheizkörper erfolgen. Die Vorlauftemperatur beträgt im Winter oft etwa 75 °C und teilweise sogar bis zu 90 °C.

Kleiner und schmaler Röhrenheizkörper

Kleiner Plattenheizköper

Kann ich trotzdem eine Wärmepumpe einbauen lassen?

Um ein effizienteres und sparsameres Mitteltemperatur-System zu erreichen, können Sie gezielt einzelne Heizkörper austauschen. Ist das nicht möglich oder gewünscht, so kommt der Einsatz einer **Hochtemperatur-Wärmepumpe** infrage. Diese Wärmepumpen sind speziell für hohe Vorlauftemperaturen konzipiert. Aufgrund ihres geringen Marktvolumens sind sie im Regelfall jedoch teurer. Verglichen mit Wärmepumpen im Mittel- oder Niedertemperatur-System ist ihre Effizienz wegen der höheren Temperaturspreizung außerdem geringer. Aus finanzieller und ökologischer Sicht ist es also meist ratsam, durch den Austausch einzelner Heizkörper die Vorlauftemperatur zu reduzieren.

HOCHTEMPERATUR-SYSTEM & LUFTWÄRMEPUMPE

RECHEN-BEISPIEL

Beispiel Jahresarbeitszahl: 2,6

Jährlicher Strombedarf:

$$\frac{\text{20.000 kWh Wärme* pro Jahr}}{\text{Jahresarbeitszahl 2,6}} = \textbf{7.700 kWh}$$

***Berechnung der nötigen Wärmeenergie:**

Ölkessel: 20.000 kWh Wärme =
2.500 Liter Heizöl x 10 kWh pro Liter x 0.8 (Anlagenverluste)

Gaskessel: 20.000 kWh Wärme =
25.000 kWh Gas x 0,8 (Anlagenverluste)

DAS MITTELTEMPERATUR-SYSTEM

Mit größeren Bestandsheizkörpern, die mehr Fläche zur Wärmeübertragung haben, ist unter Umständen auch ohne Tausch der Heizkörper ein Mitteltemperatur-System realisierbar. Alternativ kann ein Teil der Heizkörper ersetzt werden, um den effizienten Einsatz einer Wärmepumpe zu ermöglichen.

Im Vergleich zu einem Hochtemperatur-System **spart** das Mitteltemperatur-System **Strom**, da bereits eine geringere Vorlauftemperatur zum Heizen ausreicht: Die graue Fläche, die in der Abbildung den Jahresstromverbrauch darstellt, schrumpft entsprechend. Der **Effekt der Jahreszeiten** fällt durch das Mitteltemperatur-System weniger ins Gewicht. Mit einem Mitteltemperatur-System kann die Effizienz der Wärmepumpe auch in den Wintermonaten gegenüber dem Hochtemperatur-System verbessert werden.

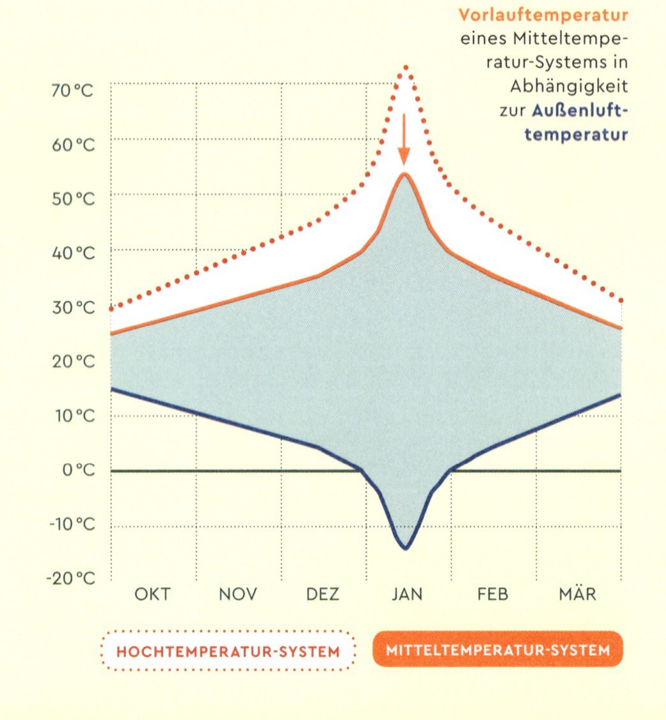

MITTELTEMPERATUR-SYSTEM & LUFTWÄRMEPUMPE

Beispiel Jahresarbeitszahl: 3,0

Jährlicher Strombedarf:

$$\frac{\text{20.000 kWh Wärme pro Jahr}}{\text{Jahresarbeitszahl 3,0}} = \textbf{6.700 kWh}$$

Einsparung gegenüber einem Hochtemperatur-System:
1.000 kWh pro Jahr

Habe ich ein Mitteltemperatur-System?

Wenn Sie aktuell einen **Brennwertkessel** haben, werden Ihre Heizkörper wahrscheinlich mit mittleren Vorlauftemperaturen betrieben. Dies ist sowohl mit Röhren- als auch mit Plattenheizkörpern möglich. Entscheidend ist die **Dimensionierung der Heizkörper:** Im Vergleich zum Hochtemperatur-System sind die Heizkörper hier breiter, höher und/oder tiefer. Sie haben mehr Lamellen bzw. geschichtete Heizplatten, sodass die Fläche zur Wärmeübertragung in der Summe größer ist.

Großer und tiefer Gliederheizkörper

Großer Plattenheizkörper

Wie kann ich ein Mitteltemperatur-System erreichen?

In alten, teilsanierten Gebäuden befinden sich häufig zu große Heizkörper, die zum Beispiel im Zuge einer Dämmung nicht angepasst wurden. In diesem Fall kann die Vorlauftemperatur auch **ohne einen Austausch der Heizkörper** abgesenkt werden – gegebenenfalls sogar so weit, dass die Vorlauftemperatur eines Mitteltemperatur-Systems ausreicht, um den Wärmebedarf der Räume auch am kältesten Tag des Jahres zu decken. Diese Absenkung ermöglicht einen effizienteren Betrieb der Wärmepumpe und spart somit Stromkosten. Ob das in Ihrem Haus eine sinnvolle Option ist, können Sie **selbst testen**, indem Sie im Winter die maximale Vorlauftemperatur Ihres Heizkessels reduzieren. Werden Ihre Räume über mehrere Tage hinweg immer noch ausreichend warm, so sind Ihre Heizkörper auch für ein Mitteltemperatur-System ausreichend groß dimensioniert. Ist das nicht der Fall, genügt ein Teilaustausch der Heizkörper in denjenigen Räumen, die nicht warm genug werden. Das spart nicht nur Installationskosten, sondern verursacht auch weniger Aufwand und Schmutz. In Räumen mit geringerem Wärmebedarf, wie beispielsweise dem Schlafzimmer, bleiben die ursprünglichen Heizkörper meist bestehen.

FÜR DIESEN TEST SOLLTEN SIE ...

- an allen Heizkörpern die Thermostatventile voll aufdrehen
- die Nachtabsenkung beenden
- die Umwälzpumpe auf die höchste Stufe stellen (ohne hörbare Strömungsgeräusche in den Wohnräumen)
- die maximale Vorlauftemperatur schrittweise über mehrere Tage hinweg reduzieren (z. B. 60 °C, 55 °C, 50 °C)

DAS NIEDERTEMPERATUR-SYSTEM

Niedertemperatur-Systeme sind in Kombination mit Wärmepumpen ideal: Sie ermöglichen eine hohe Effizienz und helfen so, Strom zu sparen. Sowohl mit Flächenheizungen als auch mit speziellen Heizkörpern ist diese Variante realisierbar. Das bekannteste Niedertemperatur-System ist die Fußbodenheizung.

Bis in die 90er-Jahre wurden Fußbodenheizungen **nur in ausgewählten Räumen**, wie dem Bad, eingebaut. In den letzten Jahren konnte sich dieses Heizsystem in Neubauten aber immer öfter **für das gesamte Haus** durchsetzen. Auch Wand- und Deckenheizungen gehören zu den Niedertemperatur-Systemen und können ebenfalls nachgerüstet werden. In einem Niedertemperatur-System beträgt die Vorlauftemperatur am kältesten Tag der Heizperiode **lediglich etwa 35 °C.** Die Differenz zwischen Vorlauf- und Außentemperatur ist somit deutlich geringer als bei Mittel- und Hochtemperatur-Systemen. Die **Energieeinsparung** im Vergleich zu einem Hochtemperatur-System, dargestellt durch die weiße Fläche, ist noch größer als bei einem Mitteltemperatur-System.

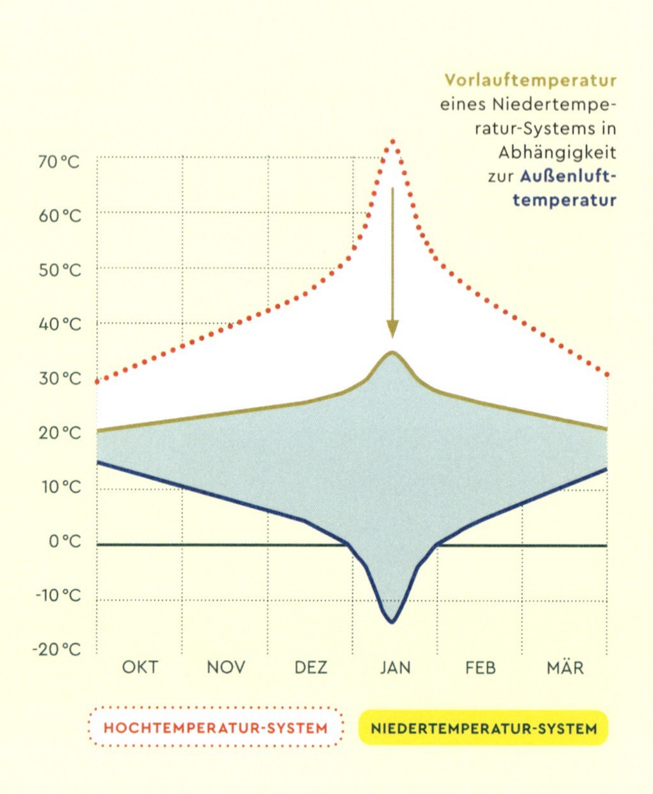

Habe ich ein Niedertemperatur-System?

Wenn bereits Ihr **gesamtes Haus mit einer Flächenheizung** (Fußboden, Wand oder Decke) ausgestattet ist, dann nutzen Sie ein Niedertemperatur-System. Die maximale Vorlauftemperatur beträgt in diesem Fall um die 35 °C. Haben Sie nur **teilweise Fußbodenheizung**, dann richtet sich die Vorlauftemperatur des gesamten Gebäudes nach demjenigen Heizkörper, der am geringsten dimensioniert ist. In diesem Fall können Sie Ihre Heizkörper durch Niedertemperatur-Heizkörper ersetzen lassen.

Wie kann ich ein Niedertemperatur-System erreichen?

Um ein **Niedertemperatur-System** zu erreichen, gibt es zwei Möglichkeiten:

- die Vergrößerung der Fläche des Wärmeübertragers, zum Beispiel durch den Einbau einer **Fußbodenheizung**
- den Austausch bestehender Heizkörper durch spezielle **Niedertemperatur-Heizkörper**

Folgend sind beide Möglichkeiten näher erläutert. →

NIEDERTEMPERATUR-SYSTEM & LUFTWÄRMEPUMPE

Beispiel Jahresarbeitszahl: 3,8

Jährlicher Strombedarf:

$$\frac{\text{20.000 kWh Wärme pro Jahr}}{\text{Jahresarbeitszahl 3,8}} = \textbf{5.300 kWh}$$

Einsparung gegenüber einem Hochtemperatur-System: 2.400 kWh pro Jahr

GROßES EINSPAR-POTENZIAL!

1 EINBAU VON FLÄCHENHEIZUNGEN

Fußbodenheizung

Soll ein Trockenestrich zum Einsatz kommen, sind Systeme mit hoher Wärmeübertragung von Vorteil. Dafür wird mit Vergussmasse ein Verbund aus Estrichplatte und Heizungsrohr hergestellt.

Auch in einem Bestandsgebäude können vollflächige Fußbodenheizungen nachgerüstet werden. Diese Variante von Niedertemperatur-Systemen ist am weitesten verbreitet und ideal für den effizienten Betrieb einer Wärmepumpe. Ihr Nachteil ist der hohe Aufwand der Nachrüstung. Um diesen möglichst gering zu halten und zudem wenig Raumhöhe zu verlieren, können die Heizschlangen des Systems zum Beispiel nachträglich in den Estrich eingefräst oder Trockenestriche mit Fußbodenheizung eingesetzt werden.

2 EINBAU VON NIEDERTEMPERATUR-HEIZKÖRPERN

Niedertemperatur-Heizkörper

Niedertemperatur-Heizkörper geöffnet

Niedertemperatur-Heizkörper können mit geringen Vorlauftemperaturen einen Raum auf ein behagliches Niveau erwärmen. Optisch ähneln sie den bekannten Plattenheizkörpern. In ihrem Inneren befinden sich mehrere geschichtete Platten, die eine bessere Wärmeübertragung ermöglichen, sowie Ventilatoren, die für Luftzirkulation sorgen. In der Aufheizphase kann diese Luftbewegung Geräusche verursachen. Markenhersteller bieten jedoch sehr leise Geräte an. Heizkörper dieser Art lassen sich ebenfalls sehr gut mit einer Wärmepumpe kombinieren.

Welche Rolle spielt Trinkwarmwasser?

Für Trinkwarmwasser wird weniger Energie benötigt als für das Heizen. Die Trinkwasserhygiene erfordert jedoch hohe Temperaturen. Um eine Wärmepumpe trotzdem effizient zu betreiben, existieren erprobte Systeme.

Damit die Wärmepumpe bestmöglich arbeiten kann, ist es ratsam, zum Heizen und für Trinkwarmwasser **zwei separate Wärmespeicher** zu verwenden. So können die verschiedenen Temperaturniveaus effizient bedient werden:

- Der **Heizungsspeicher** sorgt für einen konstanten Heizbetrieb der Wärmepumpe. Eine ineffiziente Taktung bzw. Teillast der Wärmepumpe wird so vermieden, was die Betriebskosten verringert und die Lebensdauer erhöht.

- Der **Trinkwarmwasserspeicher** gewährleistet, dass Sie jederzeit warm duschen oder ein heißes Bad nehmen können.

Zur Einhaltung der hygienischen Anforderungen an Trinkwarmwasser sollte dessen Temperatur in Ein- oder Zweifamilienhäusern mindestens 50 °C betragen und eine Temperatur von 60 °C bereitgestellt werden können.[11/12] So lässt sich ein Befall durch Bakterien, wie Legionellen, vermeiden. Um dem gerecht zu werden und gleichzeitig einen effizienten Betrieb der Wärmepumpe zu gewährleisten, ist es zielführend, möglichst wenig warmes Trinkwasser direkt zu speichern. Stattdessen wird warmes Heizungswasser bevorratet, mit dem Menschen nicht direkt in Berührung kommen. Getrennt durch einen Wärmeübertrager wird damit das Trinkwasser im Durchflussprinzip erwärmt.

Wenn Sie bisher einen Öl- oder Gaskessel betrieben haben, dann ist Ihr bestehender Trinkwarmwasserspeicher in der Regel nicht für Wärmepumpen geeignet, da das Speichervolumen sowie die Fläche des Wärmeübertragers meist zu gering sind.

Kann die Wärmepumpe selbst die notwendige Temperatur nicht bereitstellen, wird sie durch einen elektrischen Heizstab unterstützt.

TRINKWARMWASSER IST ...

... das warme Wasser, das aus dem Wasserhahn kommt (z. B. Waschbecken, Dusche, Badewanne). Es handelt sich um Leitungswasser, das von der Wärmepumpe aufgeheizt wird. Dieses Wasser ist nicht zu verwechseln mit dem Wasser im Heizkreislauf, das in anderen Rohren zirkuliert und nicht zum Konsum geeignet ist.

ZWEI GEEIGNETE SYSTEME FÜR WÄRMEPUMPEN IN BESTANDSGEBÄUDEN:

1 Heizungsspeicher + Trinkwarmwasserspeicher mit innenliegendem Wärmeübertrager

Ein bewährtes System ist die Kombination aus einem Heizungsspeicher und einem separaten Trinkwarmwasserspeicher, in dem sich ein spiralförmiges Rohr als Wärmeübertrager befindet.

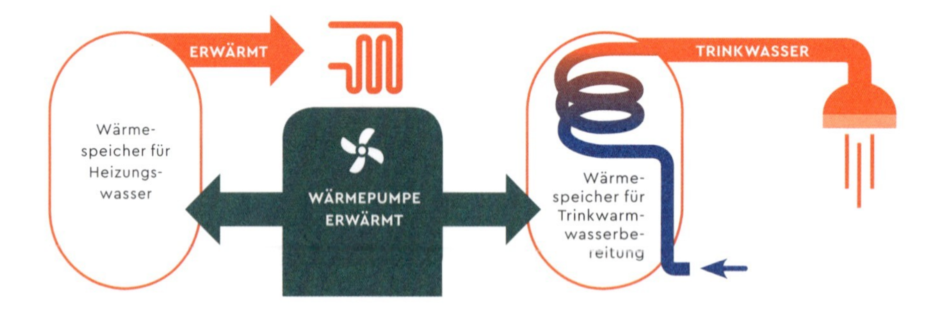

2 Heizungsspeicher + Trinkwarmwasserspeicher mit außenliegendem Wärmeübertrager

Kombispeicher sind für Wärmepumpen weniger gut geeignet. Da Trinkwarmwasser in der Regel andere Temperaturen hat als Heizwasser, beeinträchtigt eine Mischung die Effizienz der Wärmepumpe.

Ebenfalls für Wärmepumpen geeignet ist ein System mit einem Heizungsspeicher und einem separaten Wärmespeicher zur Trinkwarmwasserbereitstellung, bei dem ein Plattenwärmetauscher außen liegt. Man spricht von einer Frischwasserstation. Dieses System hat den hygienischen Vorteil, dass nur sehr wenig Trinkwarmwasser vorgehalten wird. Bei fachgerechter Ausführung kann eine Frischwasserstation effizienter arbeiten als ein System mit innenliegendem Wärmeübertrager.

Die passende Wärmequelle für mich

Welche Wärmequelle Sie für das Heizsystem in Ihrem Haus wählen, hängt davon ab, welche Optionen auf Ihrem Grundstück technisch und rechtlich möglich sind, wie viel Sie in die Effizienz Ihrer Anlage investieren wollen und welche Variante Ihren persönlichen Präferenzen entspricht. Informieren Sie sich ausführlich und lassen Sie sich unbedingt beraten!

Luft, Erde, Grundwasser oder ein Eisspeicher mit Solarkollektor – welche Vor- und Nachteile haben die verschiedenen Wärmequellen? Wie können sie erschlossen werden? Wie viel Platz ist dafür notwendig? Und braucht es eine Genehmigung? Antworten auf diese Fragen und eine erste Orientierung erhalten Sie auf den folgenden Seiten. Eine individuelle Beratung durch einen Fachbetrieb ist dennoch unumgänglich. Unter **www.waermepumpen-ampel.de** haben Sie die Möglichkeit, eine Abschätzung zur Eignung der einzelnen Wärmequellen für Ihr Gebäude zu erhalten. ▶ Informationen zur Abwägung von Kosten und Effizienz verschiedener Optionen finden Sie in Kapitel 6: Mit welchen Gesamtkosten muss ich rechnen?

Außenluft

Wie wird Außenluft als Wärmequelle erschlossen?

Luftwärmepumpen nutzen die Wärmeenergie der Außenluft. Um der Wärmepumpe kontinuierlich Außenluft zuzuführen, ist ein Ventilator notwendig, der zusammen mit dem Verdichter Schallemissionen verursacht. Die **Lautstärke** einer modernen Luftwärmepumpe entspricht etwa der eines Kühlschranks. Im Verlauf der Jahreszeiten schwankt die Temperatur der Außenluft als Wärmequelle sehr stark. Während dies in den Übergangszeiten und im Sommer von Vorteil ist, verliert die Luftwärmepumpe bei kälteren Temperaturen im Winter an Effizienz. In der Folge haben Wärmepumpen, die Luft als Wärmequelle nutzen, eine **geringere Gesamteffizienz** als andere, die weniger von saisonalen Temperaturschwankungen abhängen.

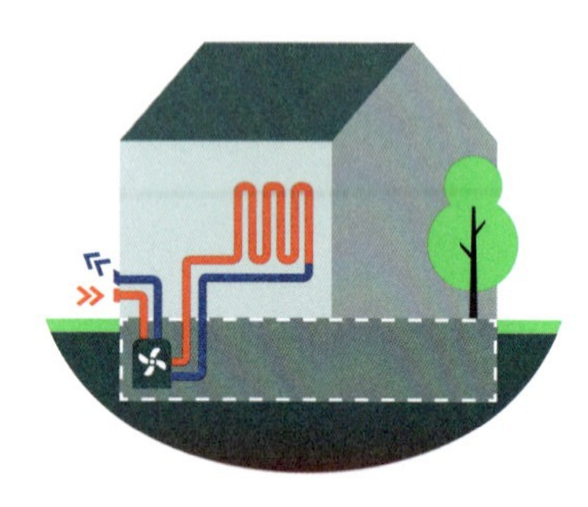

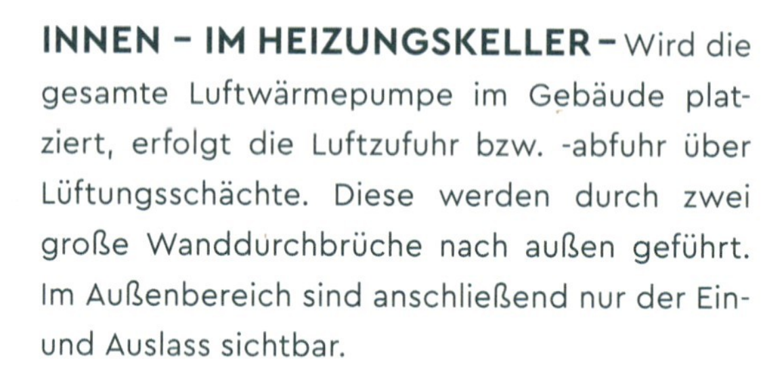

INNEN – IM HEIZUNGSKELLER – Wird die gesamte Luftwärmepumpe im Gebäude platziert, erfolgt die Luftzufuhr bzw. -abfuhr über Lüftungsschächte. Diese werden durch zwei große Wanddurchbrüche nach außen geführt. Im Außenbereich sind anschließend nur der Ein- und Auslass sichtbar.

AUßEN – IM GARTEN – Die Luftwärmepumpe kann auch vollständig im Außenbereich aufgestellt werden. Isolierte Heizungsrohre führen dann ins Haus, um die Wärmepumpe mit dem restlichen Heizsystem zu verbinden. In diesem Fall nimmt die Wärmepumpe draußen mehr Raum ein als bei den anderen beiden Varianten.

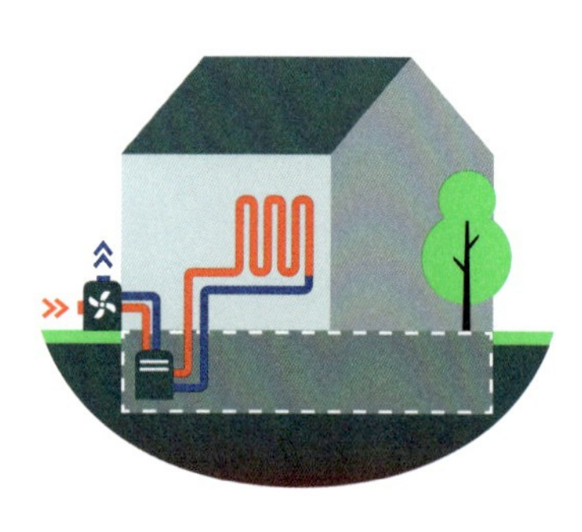

SPLIT – INNEN UND AUßEN – Die Split-Luftwärmepumpe ist der Mittelweg zwischen Innen- und Außenaufstellung. Es handelt sich um die gängigste und kostengünstigste Variante. Die Wärmepumpe ist dabei in zwei Einheiten aufgeteilt, die über Kältemittelleitungen miteinander verbunden sind. Der Verdichter kann entweder im Außen- oder im Innengerät integriert sein. Die Installation erfordert wenig Platz im Außenbereich.

PLATZBEDARF – Für die am häufigsten eingesetzte Variante, das **Split-Gerät,** ist im Außenbereich eine Fläche von **weniger als 1 m²** nötig. Die Außeneinheit wird oft in der Nähe des Heizungskellers platziert, um allzu lange Rohre zu vermeiden. Dabei ist neben Leitungslänge und Optik auch der Schallschutz zu berücksichtigen.

SCHALLSCHUTZ – Durch die Bewegung von Luft und Bauteilen erzeugen Luftwärmepumpen Schallemissionen, die Sie selbst oder Ihre Nachbarschaft stören können. Wählen Sie den Standort deshalb mit Bedacht. Es sollte **genügend Abstand** zum eigenen Gebäude, aber auch zum Nachbargebäude eingehalten werden. Für ein reines Wohngebiet liegen die Grenzwerte zum Schallschutz bei 50 Dezibel am Tag und 35 Dezibel in der Nacht. Um den strengeren Grenzwert in der Nacht einzuhalten, statten viele Hersteller ihre Anlagen mit einem **Nachtmodus** aus, in dem die Leistung der Wärmepumpe und somit die Schallemissionen reduziert werden. Durch kontinuierliche technische Weiterentwicklung wurden Luftwärmepumpen in den letzten Jahren außerdem deutlich leiser. Zusätzlich gibt es schallabschirmende **Einhausungen**, die um die Außeneinheit herum angebracht werden können. Das erhöht jedoch wiederum den Platzbedarf. Auf **www.waermepumpe.de/schallrechner** können Sie **mithilfe des Schallrechners** des Bundesverbands für Wärmepumpen abschätzen, wie viel Schallschutzabstand in Ihrem Fall notwendig ist. **Beispielhafte Abstände zum Nachbarhaus für eine durchschnittliche Wärmepumpe im Wohngebiet zur Einhaltung der Schallgrenzwerte können sein: Bei 8 kW Heizleistung ca. 7 m oder bei 15 kW Heizleistung ca. 11 m.**

Die Lautstärke einer Luftwärmepumpe hängt unter anderem davon ab, wo die Anlage aufgestellt wird. Befindet sich auch der Verdichter im Außenbereich, wird der Geräuschpegel höher sein. Es ist ratsam, die Lautstärke verschiedener Anlagen anhand der Herstellerangaben zu vergleichen.

GENEHMIGUNG – Für Luftwärmepumpen ist keine Genehmigung erforderlich.

Erde (Sonde)

Wärmepumpen mit Erdsonden nutzen die Energie aus Erdschichten in etwa 30 bis 200 m Tiefe. Je tiefer die Sonde im Untergrund platziert wird, desto wärmer und konstanter ist die Temperatur der Wärmequelle. Pro 30 m Tiefe steigt die Temperatur um etwa 1 °C. Selbst in kalten Wintern kann so eine Quellentemperatur von rund 5 °C genutzt werden, was die Wärmepumpe sehr **effizient** arbeiten lässt. Der **Aufwand**, Erdwärme mittels einer Erdsonde zu erschließen, ist im Vergleich zu Luft als Wärmequelle jedoch höher und benötigt **ausreichend Vorlaufzeit.**

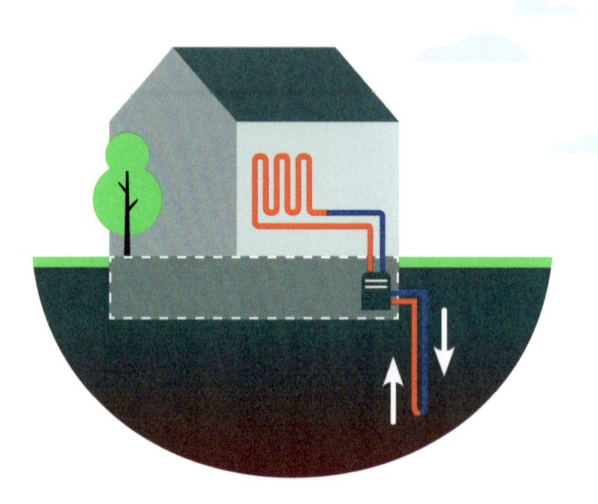

Wie wird Erde über eine Sonde als Wärmequelle erschlossen?

Um Erdsonden in den Boden einzusetzen, wird ein **tiefes Loch** gebohrt, in das Kunststoffrohre hinabgelassen werden. Anschließend wird das Bohrloch mit einem betonähnlichen Material aufgefüllt. Die **Rohrleitungen** zwischen den Erdsonden und dem Heizungsraum werden unterirdisch verlegt, sodass sie nicht mehr sichtbar sind. Durch das geschlossene Rohrsystem wird die sogenannte **Sole** gepumpt – eine Flüssigkeit, die dem Erdreich rund um die Erdsonde Wärme entzieht, um sie an die angeschlossene Wärmepumpe weiterzuleiten. Damit die Leitungen bei geringen Temperaturen nicht gefrieren, beinhaltet die Sole neben Wasser ein Frostschutzmittel.

PLATZBEDARF – Mit Blick auf den Platzbedarf zur Erschließung, liegen Erdwärmesonden im Mittelfeld. Platz brauchen vor allem das Bohrgerät und die Baustelle. Erdwärmebohrungen sollten **mindestens 3 m** vom Nachbargrundstück sowie **2 m** vom eigenen Gebäude entfernt sein. Bei mehreren Sonden ist zwischen den Bohrungen ein Abstand von 6 m einzuhalten. Insgesamt entsteht so bei der Errichtung ein Flächenbedarf von etwa **40 m² pro Sonde**. Wie tief gebohrt werden kann, hängt von der Beschaffenheit des Untergrunds sowie rechtlichen Vorgaben des jeweiligen Bundeslandes ab. Sobald die Sonden und deren Leitungen verlegt sind, kann die Fläche wieder mit Rasen bepflanzt werden. Auch eine Versiegelung der Oberfläche, zum Beispiel zur Nutzung als Parkplatz, ist möglich. **So ermitteln Sie den individuellen Platzbedarf für eine Erdsonde:**

RECHEN-BEISPIEL

$$\text{Heizleistung} = \frac{\text{Wärmebedarf}}{\text{Vollbenutzungsstunden}} \qquad \frac{20.000\ \text{kWh}}{2.000\ \text{h}} = \mathbf{10\ kW}$$

$$\text{Entzugsleistung} = \text{Heizleistung} - \frac{\text{Heizleistung}}{\text{Leistungszahl}} \qquad 10\ \text{kW} - \frac{10\ \text{kW}}{4} = \mathbf{7{,}5\ kW}$$

$$\text{Bohrmeter} = \frac{\text{Entzugsleistung}}{\text{spezifische Entzugsleistung}} \qquad \frac{7.500\ \text{W}}{50\ \text{W/m}^2} = \mathbf{150\ m}$$

mögliche Bohrtiefe
beispielsweise 75 m → **2 Sonden**

benötigte Fläche
2 Sonden x 40 m² = **80 m²**

GENEHMIGUNG – Erdwärmesonden sind in der Regel genehmigungspflichtig. Sie benötigen eine wasserrechtliche Genehmigung von der Unteren Wasserbehörde. Für Bohrtiefen von mehr als 100 m ist außerdem eine bergrechtliche Genehmigung des Landesbergamtes erforderlich. Die Anträge stellt üblicherweise das Bohrunternehmen.

VOLLBENUTZUNGSSTUNDEN bezeichnen die Dauer, die ein Wärmeerzeuger theoretisch mit Nennleistung laufen müsste, um den Wärmebedarf zu decken. In der Praxis liegt die Zahl der Betriebsstunden höher, da die Anlagen in vielen Zeiträumen im Jahr mit reduzierter Leistung betrieben werden.

ENTZUGSLEISTUNG ist die Wärmeleistung, die dem Erdreich entzogen wird.

SPEZIFISCHE ENTZUGSLEISTUNG ist die Wärmeleistung, die dem Erdreich pro Referenzwert (für Erdsonden: 1 m) entzogen werden kann.

Erde (Kollektor)

Wärmepumpen mit Erdkollektoren nutzen die oberflächennahe Wärme des Erdreichs. Da die Kollektoren deutlich weniger tief liegen als Erdsonden, unterliegt die Temperatur der Wärmequelle bei dieser Variante **jahreszeitlichen Schwankungen.** Das Erdreich ist, aufgrund von Trägheit, im Herbst wärmer als im Frühjahr. Die Wärmeenergie, die der Erde durch die Kollektoren entzogen wird, regeneriert sich durch Sonneneinstrahlung, Niederschlag und das umgebende Erdreich. Über das Jahr hinweg erreicht die Wärmepumpe so eine **ähnliche Effizienz** wie in der Kombination mit Erdsonden.

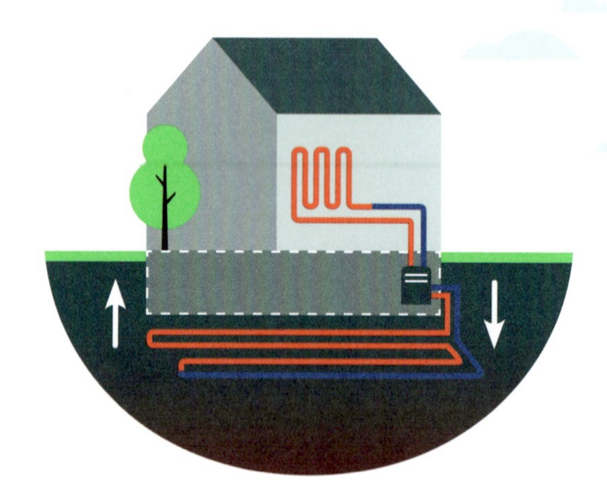

Wie wird Erde über einen Kollektor als Wärmequelle erschlossen?

Um Erdkollektoren zu verlegen, wird mit einem Bagger der Boden abgetragen, dann ein geschlossener Rohrkreislauf verlegt und wieder mit Erde bedeckt. **Je nach Platz- und Bodenverhältnissen können verschiedene Typen von Erdkollektoren eingesetzt werden:**

- Kunststoffrohre, flächig verlegt (ähnlich wie bei einer Fußbodenheizung)
- Kapillarrohrmatten mit deutlich geringerem Rohrdurchmesser/ -abstand
- Erdwärmekörbe: zylindrische Drahtkörbe, die mit Kollektorrohren umwickelt sind und in einer Tiefe von 1 bis 4 m verlegt werden
- Spiralkollektoren: Rohre, die wie eine Feder geformt sind und in etwa 3,5 m Tiefe eingebaut werden
- Grabenkollektoren: mehrere Kollektorrohre, die in einem gefrästen oder gebaggerten Graben in einer Tiefe von bis zu 5 m verlegt werden

PLATZBEDARF – Ein wesentlicher Nachteil von Erdkollektoren ist, dass ihre Erschließung sehr viel Platz erfordert und die Fläche anschließend nur noch eingeschränkt nutzbar ist. Haben Sie auf Ihrem Grundstück eine größere Grünfläche, dann kann der Erdkollektor für Sie eine effiziente Wärmequelle sein. Die benötigte Fläche hängt von der Kollektorart, aber auch von der Beschaffenheit des Bodens ab. Trockene, sandige Böden leiten und speichern Wärme schlechter als nasse, lehmige Böden. Mit lehmigem Boden wird also weniger Fläche benötigt. Je nach Wärmebedarf des Gebäudes und Kollektorart müssen Sie etwa mit dem **Ein- bis Zweifachen der Wohnfläche** rechnen. Zu Gebäuden und Pflanzen sollte bei der Verlegung von Erdkollektoren ein **Sicherheitsabstand** eingehalten werden. Der Kollektor ist später unsichtbar, da er unterirdisch verlegt ist. So kann **neuer Rasen** angesät werden. Die Fläche ist allerdings nicht mehr für tiefwurzelnde Pflanzen oder Baumarten geeignet. Auch eine Versiegelung, zum Beispiel durch eine Gartenhütte, ist nicht zu empfehlen.

RECHEN-BEISPIEL

$$\text{Heizleistung} = \frac{\text{Wärmebedarf}}{\text{Vollbenutzungsstunden}} \qquad \frac{20.000\ \text{kWh}}{2.000\ \text{h}} = 10\ \text{kW}$$

$$\text{Entzugsleistung} = \text{Heizleistung} - \frac{\text{Heizleistung}}{\text{Leistungszahl}} \qquad 10\ \text{kW} - \frac{10\ \text{kW}}{4} = 7{,}5\ \text{kW}$$

$$\text{benötigte Fläche} = \frac{\text{Entzugsleistung}}{\text{spezifische Entzugsleistung*}} \qquad \frac{7.500\ \text{W}}{30\ \text{W/m}^2} = 250\ \text{m}^2$$

*** Die spezifische Entzugsleistung hängt von der Bodenart in 1 m Tiefe ab:**
lehmiger Boden: 30 W/m² sandiger Boden: 20 W/m²

Die nötige Fläche lässt sich reduzieren, indem Sie eine andere Kollektorart wählen (z. B. Grabenkollektoren statt flächig verlegter Kunststoffrohre).

GENEHMIGUNG – Für Erdkollektoren brauchen Sie keine Genehmigung, es sei denn, Ihr Grundstück liegt in einem Wasserschutzgebiet. Unter Umständen ist eine Abklärung mit der Unteren Wasserbehörde nötig, zum Beispiel wenn durch die Erdarbeiten grundwasserführende Schichten zeitweise offengelegt werden.

Grundwasser

Auch oberflächennahes Grundwasser kommt als Wärmequelle infrage. Dieses wird mit einer Pumpe aus einem Brunnen gefördert. Grundsätzlich kann über das ganze Jahr hinweg Grundwasser mit einer Temperatur zwischen 8 und 12 °C genutzt werden. Aufgrund dieser hohen Temperaturen der Wärmequelle, die nur **geringen saisonalen Schwankungen** unterliegen, erreichen Grundwasser-Wärmepumpen eine **besonders hohe Effizienz.**

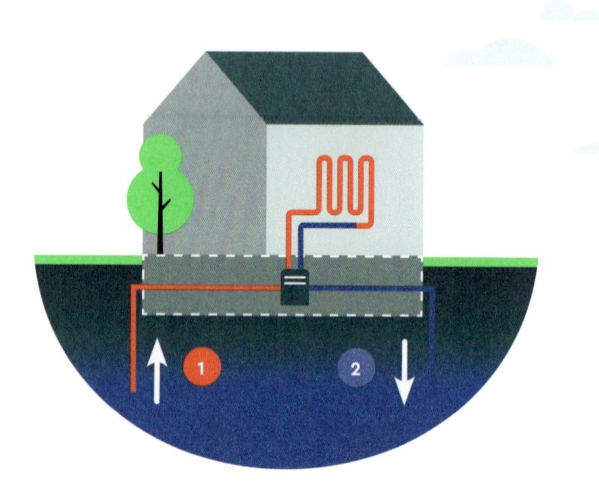

Wie wird Grundwasser als Wärmequelle erschlossen?

Für die Nutzung von Grundwasser als Wärmequelle werden zwei Brunnen neben dem Haus gebohrt: Aus dem **Saugbrunnen** (1) wird das Grundwasser hochgepumpt, von der Wärmepumpe abgekühlt und anschließend wieder in den **Sickerbrunnen** (2) zurückgeleitet. Damit das abgekühlte Wasser nicht erneut gefördert wird, befindet sich der Sickerbrunnen hinter dem Saugbrunnen (bezogen auf die Fließrichtung des Grundwassers). Es handelt sich um einen **offenen Kreislauf,** in dem das Grundwasser kontinuierlich nachströmt. So können Sie ganzjährig von einer relativ konstanten Temperatur der Wärmequelle profitieren.

PLATZBEDARF – Die Erschließung von Grundwasser als Wärmequelle bringt einen **mittleren Platzbedarf** mit sich. Das Grundstück muss ausreichend groß sein, um einen **Abstand von rund 10 m** zwischen Saug- und Sickerbrunnen sowie von **3 m** zu den Nachbargrundstücken sicherzustellen. Nach der Bohrung der Brunnen werden diese mit Deckeln an der Oberfläche verschlossen. Unter Umständen können die Brunnen auch im Keller errichtet werden. In manchen Fällen sind auch bereits bestehende Brunnen nutzbar.

GRUNDWASSERVERHÄLTNIS – Um die Wärme des Grundwassers zu nutzen, muss dieses vor Ort in **ausreichender Menge** vorhanden sein. Pro Kilowatt Heizleistung der Wärmepumpe wird ein Fördervolumen von etwa 200 Litern pro Stunde benötigt. Der **Wasserspiegel** sollte nicht zu tief liegen. Da es sich um ein offenes System handelt, benötigt das Pumpen deutlich mehr Energie als bei Erdwärmepumpen oder Eisspeichern. Dabei steigen mit zunehmender Tiefe des Grundwassers nicht nur die Kosten für den Betrieb der Förderpumpe, sondern auch für die Bohrung. Bei Tiefen von mehr als 20 m sind die Bohr- und Pumpkosten so hoch, dass das Grundwasser als Wärmequelle in der Regel keine attraktive Option mehr darstellt. Ob die **Qualität des Grundwassers** den Anforderungen genügt, muss durch eine **Wasseranalyse** geprüft werden. Ein zu hoher Eisen- oder Mangangehalt im Grundwasser kann beispielsweise zu Ablagerungen im Wärmetauscher der Wärmepumpe oder im Förder- und Sickerbrunnen führen.

GENEHMIGUNG – Die Nutzung von Grundwasser als Wärmequelle erfordert in jedem Fall eine Genehmigung der Unteren Wasserbehörde. In einer Eignungsprüfung wird unter anderem sichergestellt, dass die Temperatur des Grundwassers um nicht mehr als 6 °C abgekühlt wird und die Anlage sich nicht in einem Wasserschutzgebiet befindet. Den Antrag zur Genehmigung kann der beauftragte Fachbetrieb stellen.

Eisspeicher und Solarthermie

Eine weitere Möglichkeit liegt darin, Solar-, Luft- und Erdwärme in Kombination zu nutzen. Dabei bezieht die Wärmepumpe die Energie aus einem sogenannten **Eisspeicher**, der im Außenbereich vergraben ist. Dieser Wärmespeicher wird mithilfe von **Solarkollektoren** aufgeheizt. Durch die hohe Speicherkapazität des Eises können kalte, sonnenarme **Wetterphasen überbrückt** werden. Dieses System erreicht eine höhere Effizienz als eine Luftwärmepumpe, aber eine geringere Effizienz als eine Erdwärmepumpe.

Solarthermie ist nicht zu verwechseln mit Photovoltaik. Solarthermie erzeugt Wärme – Photovoltaik erzeugt Strom.

Wie werden Sonne, Luft und Erde gemeinsam als Wärmequelle erschlossen?

Während auf dem Dach **Solarthermiekollektoren** (1) installiert werden, wird im Außenbereich ein unterirdischer **Eisspeicher** (2) eingebaut. Dieser besteht aus Beton oder Kunststoff und wird zum Großteil mit Wasser gefüllt. Über Kunststoffrohre kann die Wärmepumpe dem gespeicherten Wasser Wärme entziehen. Wie bei Erdwärmepumpen handelt es sich um einen geschlossenen Kreislauf, in dem Sole zirkuliert. Doch wie ist es möglich, mit der Energie aus Eis zu heizen? Der Vorteil eines Eisspeichers ist, dass beim Wechsel des Wassers vom flüssigen in den festen Zustand viel Energie entzogen werden kann. Diese Energie kann die Wärmepumpe bei einer Temperatur von 0 °C entnehmen und als Wärmequelle zur Beheizung des Gebäudes nutzen. Im Vergleich zur Außenluft ist das an vielen Wintertagen von Vorteil. Im Jahresverlauf sieht das so aus:
Im Herbst ist das Wasser im Speicher flüssig. An kalten, sonnenarmen Tagen wird es durch die Wärmepumpe abgekühlt – an wärmeren, sonnenreichen Tagen wird es mittels Kollektoren, die sowohl Solar- als auch Luftwärme aufnehmen, wieder erwärmt. Im Verlauf des Winters wird das Wasser so immer wieder bis zum Gefrierpunkt abgekühlt. Dann friert es von innen nach außen. Um den Tank nicht zu beschädigen, frieren maximal 80 % des Volumens ein.

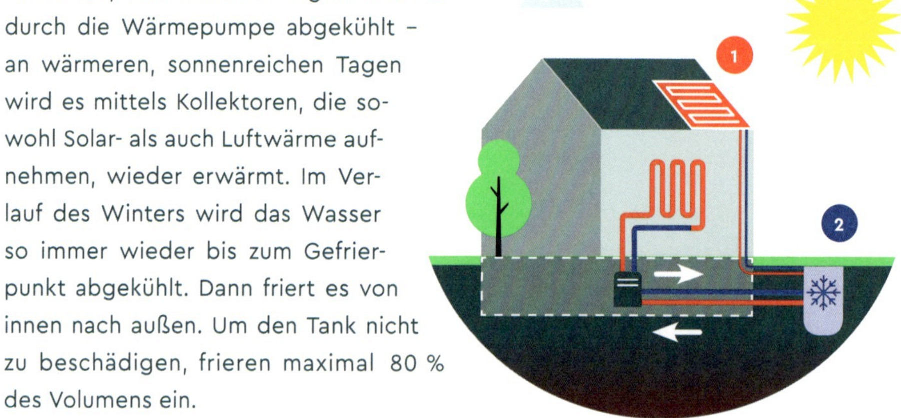

PLATZBEDARF – Wollen Sie diese Wärmequellen in Kombination nutzen, benötigen Sie im Außenbereich Platz für den Eisspeicher sowie eine freie Dachfläche für die Solarkollektoren. Die Installation eines Eisspeichers setzt Erdarbeiten voraus. Im Vergleich zu Erdsonden oder -kollektoren ist jedoch deutlich **weniger Bodenfläche nötig,** die anschließend auch wieder mit Rasen begrünt werden kann. An der Oberfläche bleibt lediglich ein Schachtdeckel sichtbar. Als **Solarkollektoren** eignen sich am besten Solar-Luftabsorber, die an milden Tagen ohne Sonneneinstrahlung bereits Wärme aus der Außenluft gewinnen können. Die gesammelte Wärme wird entweder direkt dem Verdampfer der Wärmepumpe zugeführt oder genutzt, um den Eisspeicher zu erwärmen. Auf der Dachfläche könnte zusätzlich zu der Solarthermie- eine **Photovoltaikanlage** installiert werden. Somit stehen diese beiden Technologien bei der Nutzung der Dachfläche in Konkurrenz zueinander. Um beides zu vereinen, wurden Hybridkollektoren (sogenannte PVT-Kollektoren) entwickelt, die sowohl Strom als auch Wärme erzeugen. Alternativ zu Dachkollektoren können auch Energiezäune eingesetzt werden. Diese ähneln Erdkollektoren, werden aber oberirdisch in Form eines Zaunes aufgestellt. **Für einen Wärmebedarf von beispielsweise 20.000 kWh werden rund 50 m² Grundstücksfläche für die Baugrube des Eisspeichers und 20 m² Dachfläche für die Solarthermiekollektoren benötigt.**

Jede Wärmepumpe kann mit einer Photovoltaik ergänzt werden. Diese deckt einen Teil ihres Strombedarfs, ersetzt jedoch nicht die Wärmequelle.

GENEHMIGUNG – Zur Errichtung von Eisspeicher und Solarthermieanlage sind keine Genehmigungen nötig.

ZUSAMMENFASSUNG AUF EINEN BLICK

Nun haben Sie einen ersten Überblick über die verschiedenen möglichen Wärmequellen, ihre Eigenschaften und die benötigten Voraussetzungen. Auf dieser Basis können Sie mit einem Fachbetrieb ins Gespräch gehen, um zu entscheiden, welche davon Sie für das Heizsystem Ihres Hauses auswählen. **Hier noch einmal die Vor- und Nachteile der einzelnen Optionen im Überblick:**

	LUFT-WÄRME-PUMPE	ERDWÄRME (SONDE)	ERDWÄRME (KOLLEKTOR)	GRUND-WASSER-WÄRME	SOLAR-THERMIE & EISSPEICHER
Effizienz Jahresarbeitszahl					
Platzbedarf					
Lautstärke					
Grund-wasserver-hältnisse					
Dachfläche notwendig?					
Genehmigung notwendig?					

KAPITEL 5

WIE SETZE ICH MEIN VORHABEN „WÄRMEPUMPE" UM?

Mit dem Wissen aus den vorangegangenen Kapiteln können Sie nun Ihr eigenes Wärmepumpen-Projekt angehen. Nachfolgend finden Sie eine Schritt-für-Schritt-Anleitung, die Ihnen die Umsetzung erleichtert. Dieser Ablauf sollte in seiner Reihenfolge unbedingt eingehalten werden:

- BERATUNGSTERMINE VEREINBAREN
- ANGEBOTE EINHOLEN UND VERGLEICHEN
- BEAUFTRAGUNG UND UMSETZUNG

ACHTEN SIE DARAUF …

Wenn Sie die Wärmepumpe auch zum Kühlen im Sommer verwenden wollen, sollten Sie dies von Anfang an in Ihre Planung einbeziehen. Ihre Anforderungen an die Kühlung sind dann bei der Wahl und Dimensionierung von Heizkörpern, Wärmepumpe und Wärmequelle zu berücksichtigen.

Schritt für Schritt in die Umsetzung

(1) BERATUNGSTERMIN VEREINBAREN

Im ersten Schritt hin zu einer Wärmepumpe in Ihrem Haus wenden Sie sich an eine:n Energieberater:in oder einen versierten Heizungsfachbetrieb, um sich über alle Möglichkeiten individuell beraten zu lassen. Diese:r analysiert Ihre Ausgangssituation und prüft, welche Maßnahmen am Gebäude und welche Wärmequellen infrage kommen. Die Beratung zielt darauf ab, Ihr Gebäude energieeffizienter zu gestalten. Je nach Bedarf kann ein Bericht oder ein kompletter Sanierungsfahrplan erstellt werden. Energieberater:innen geben auch Hilfestellung bei der Beantragung von Fördergeldern der Kreditanstalt für Wiederaufbau (KfW) oder des BAFA. Die Kosten der Energieberatung werden großteils vom Bundesamt für Wirtschaft und Ausfuhrkontrolle (BAFA) getragen, sofern dies vorab beantragt wurde.

Eine Liste mit den vom BAFA zugelassenen Energieberater:innen finden Sie auf der Website **www.energie-effizienz-experten.de.** Auch Verbraucherzentralen bieten kostengünstige professionelle Beratungen durch Energieberater:innen an.

Zusätzlich zur Beratung können Sie sich selbstständig auf verschiedenen Webseiten informieren. Unter **www.waermepumpen-ampel.de** (Forschungsstelle für Energiewirtschaft e. V.) gibt es hilfreiches Wissen zur Eignung verschiedener Wärmequellen. Einige Bundesländer bieten einen Energieatlas an, der meist Informationen über die Eignung für Erdwärme- und Grundwasserwärmepumpen enthält (siehe Webseiten der Landesämter). Allgemeine Informationen zu Fördermitteln finden Sie unter **www.foerderdata.de** (febis Service GmbH). Haben Sie sich umfassend informiert, verschiedene Optionen und mögliche Fördermittel geprüft, dann können Sie sich für eine Wärmepumpenlösung entscheiden.

2 ANGEBOTE EINHOLEN UND VERGLEICHEN

Nach der Vorplanung holen Sie bei Heizungsfachbetrieben Angebote ein. Beauftragen Sie am besten ein einzelnes, erfahrenes Unternehmen als Generalunternehmer mit der Detailplanung, Installation und Inbetriebnahme der ganzen Wärmepumpenanlage. Dabei sollten Sie bei Installationsfirmen auf das Gütezeichen „Fachbetrieb Wärmepumpe" nach VDI 4645 achten. Unternehmen zur Bohrung von Erdsonden müssen zudem nach DVGW W120 zertifiziert sein. Darüber hinaus können Sie die eingeholten Angebote auch von einer unabhängigen Energieberatung prüfen lassen. Mögliche Fachbetriebe finden Sie beispielsweise unter: **www.waermepumpe.de/fachpartnersuche**

3 BEAUFTRAGUNG UND UMSETZUNG

Berücksichtigen Sie neben Kosten und Leistungsumfang auch die Seriosität und Kompetenz des Fachbetriebs für Ihre Heizungsmodernisierung. Bevor Sie einen Installationsvertrag mit einem ausgewählten Fachbetrieb abschließen und energetische Maßnahmen beauftragen, muss die Förderung beantragt werden. Sind diese Schritte erledigt, können Sie mit der praktischen Umsetzung Ihres eigenen Wärmepumpen-Projekts starten! Im Folgenden finden Sie reale Beispiele, wie die Umsetzung in Bestandsgebäuden konkret aussehen kann.

ACHTEN SIE DARAUF, ...

... dass Ihre Energieberatung bzw. Ihr Heizungsfachbetrieb konkrete Referenzen für den Einbau von Wärmepumpen in Bestandsgebäuden nachweisen kann! Mit Ihrem erworbenen Wissen sind Sie in der Lage, kritisch nachzufragen und herauszufinden, ob Ihr Fachbetrieb sich mit den verschiedenen Möglichkeiten zum Einsatz von Wärmepumpen auskennt.

EINFAMILIENHAUS FACHWERK MIT ANBAU

- **Baujahr: 1850**
- **Anbau: 1930 und 1960**
- **beheizte Wohnfläche: 170 m²**
- **Wärmeverbrauch: 30.000 kWh pro Jahr**

UMRÜSTUNG VON ÖLKESSEL AUF WÄRMEPUMPE

- Maßnahmen am Gebäude: Umrüstung auf ein Mitteltemperatur-System (maximale Vorlauftemperatur: 45 °C)
- Wärmequelle: Außenluft (Split-Aufstellung)
- Jahresarbeitszahl: Angabe nicht möglich (defekte Wärmemessung)
- Zeitrahmen von der Idee bis zur Umsetzung: 10 Monate, **davon 3 Wochen Bauarbeiten**

Die Außeneinheit der Luftwärmepumpe wurde im Garten installiert.

Fünf bestehende Heizkörper wurden beibehalten.

Zehn Heizkörper wurden durch größere Heizkörper ersetzt.

Die Außeneinheit befindet sich im Garten.

DOPPELHAUSHÄLFTE IN MASSIV- UND HOLZSTÄNDERBAUWEISE

- **Baujahr: 1991**
- **beheizte Wohnfläche: 150 m²**
- **Wärmeverbrauch: 20.000 kWh pro Jahr**

UMRÜSTUNG VON GASKESSEL AUF WÄRMEPUMPE

- Maßnahmen am Gebäude: Umrüstung auf ein Niedertemperatur-System (maximale Vorlauftemperatur: 35 °C)
- Wärmequelle: Erde (Sonde)
- Jahresarbeitszahl: 4,6
- Zeitrahmen von der Idee bis zur Umsetzung: 6 Monate, **davon 3 Wochen Bauarbeiten**

Für den Einsatz einer Erdwärmesonde wurde eine 95 m tiefe Bohrung veranlasst.

Im Erd- und Obergeschoss wurden Nuten für eine Fußbodenheizung in den bestehenden Estrich gefräst (ca. 100 m²).

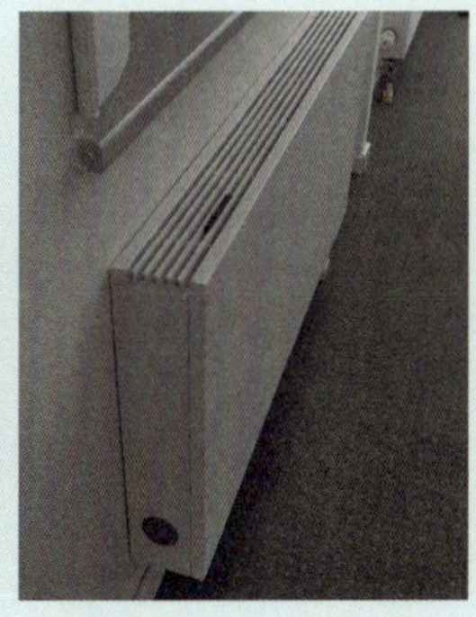

Im Dachgeschoss wurden vier bestehende Heizkörper durch Niedertemperatur-Heizkörper ersetzt.

Wärmepumpe und Wärmespeicher stehen im Heizungsraum.

BAUERNHAUS

- **Baujahr: 1874**
- **beheizte Wohnfläche: 240 m²**
- **Wärmeverbrauch: 27.000 kWh pro Jahr**

UMRÜSTUNG VON ÖLKESSEL AUF WÄRMEPUMPE

- Maßnahmen am Gebäude: Umrüstung auf ein Mitteltemperatur-System (maximale Vorlauftemperatur: 50 °C)
- Wärmequelle: Erde (Kollektor)
- Jahresarbeitszahl: 4,4
- Zeitrahmen von der Idee bis zur Umsetzung: 5 Monate, **davon 2 Wochen Bauarbeiten**

Im Garten wurde auf einer Fläche von 300 m² ein Erdwärmekollektor verlegt. (siehe markierte Fläche)

Die bestehende Fußbodenheizung und Gliederheizkörper wurden beibehalten.

In drei Räumen wurde jeweils ein weiterer Heizkörper ergänzt.

Wärmepumpe und Wärmespeicher stehen im Heizungsraum.

DOPPELHAUSHÄLFTE IN MASSIVBAUWEISE

- **Baujahr: 1984**
- **beheizte Wohnfläche: 190 m²**
- **Wärmeverbrauch: 25.000 kWh pro Jahr**

UMRÜSTUNG VON GASKESSEL AUF WÄRMEPUMPE

- Maßnahmen am Gebäude: Umrüstung auf ein Mitteltemperatur-System (maximale Vorlauftemperatur: 50 °C)
- Wärmequelle: Grundwasser
- Jahresarbeitszahl: 5,3
- Zeitrahmen von der Idee bis zur Umsetzung: 3 Monate, **davon 1 Woche Bauarbeiten**

Im Garten wurden zwei Brunnen gebohrt. Sichtbar bleiben lediglich die Schachtdeckel.

Zehn bestehende Heizkörper wurden beibehalten.

Vier Heizkörper wurden durch größere Heizkörper ersetzt.

Wärmepumpe und Wärmespeicher stehen im Heizungsraum.

KAPITEL 6

MIT WELCHEN GESAMTKOSTEN MUSS ICH RECHNEN?

In der Regel sind Wärmepumpen in der Anschaffung teurer und im Betrieb günstiger als konventionelle Heizkessel. Für ihren Einsatz in Bestandsgebäuden gibt es verschiedene Möglichkeiten. Grundsätzlich gilt: Je mehr finanzielle Mittel Sie in die Gebäudehülle, die Wärmeverteilung und die Wärmequelle investieren, desto effizienter und günstiger kann die Wärmepumpe arbeiten.

Der Ausgangszustand Ihres Gebäudes und die Maßnahmen, die Sie daran vornehmen, wirken sich sowohl auf die Höhe der Investition als auch der Betriebskosten aus. Die **bundesweite Förderung** von Wärmepumpen mindert die **Investitionskosten** deutlich und erleichtert somit die Umsetzung einer effizienten Anlage. Der **Stromverbrauch** und damit die **Betriebskosten** der Wärmepumpe hängen davon ab, wie viel Wärme bereitgestellt werden muss und wie effizient die Anlage arbeiten kann. Der Bedarf an Wärmeenergie lässt sich durch eine Dämmung der Gebäudehülle verringern. Die Effizienz der Wärmepumpe kann durch die **Senkung der Vorlauftemperatur** und die **Erhöhung der Quellentemperatur** optimiert werden.

Was kostet die Umstellung auf eine Wärmepumpe?

Die Anschaffung und Installation einer Wärmepumpe ist teurer als die eines herkömmlichen Heizkessels. Um die Energiewende zu beschleunigen, fördert die Bundesregierung die Umstellung auf elektrische Wärmepumpen.

Die Bundesförderung für effiziente Gebäude (BEG) ermöglicht in Bestandsgebäuden folgende Förderungen zur Anschaffung von Wärmepumpen. Die Fördersumme variiert je nach Wärmequelle der Wärmepumpe sowie Art und Alter des bestehenden Heizsystems:

WÄRMEQUELLE	AKTUELLES HEIZSYSTEM	FÖRDERUNG
Außenluft oder Solar + Eisspeicher	Ölheizung, Alter egal	35 %
	Gaskessel, mind. 20 Jahre in Betrieb	35 %
	Gaskessel, weniger als 20 Jahre in Betrieb	25 %
Erde oder Grundwasser	Ölheizung, Alter egal	40 %
	Gaskessel, mind. 20 Jahre in Betrieb	40 %
	Gaskessel, weniger als 20 Jahre in Betrieb	30 %

Die Förderbedingungen können sich ändern. Aktuelle Informationen dazu erhalten Sie auf der Internetseite des Bundesamtes für Wirtschaft und Ausfuhrkontrolle (siehe S. 76).

Die Fördersätze gelten nicht nur für die Anschaffung und Installation der Wärmepumpe, sondern auch für begleitende Maßnahmen, wie:

- Erschließung der Wärmequelle (z. B. Bohrungen für Erdwärmesonden)
- Austausch von Heizkörpern zur Reduktion der Vorlauftemperatur
- Einbau von Flächenheizungen (u. a. Trittschall, Estrich, Bodenbelag)
- Einbau eines Wärmespeichers und hydraulischer Abgleich
- Deinstallation und Entsorgung von Altanlagen
- Einbindung von Expert:innen für die Fachplanung und Baubegleitung

PRAKTISCHE TIPPS, UM EINE FÖRDERUNG ZU ERHALTEN:

- Beginnen Sie nicht vor Antragstellung mit der Umsetzung der Maßnahme, sonst kann eine Förderung verweigert werden.
- Pro Wohneinheit werden entstehende Kosten von maximal 60.000 € gefördert.
- Bei Maßnahmen an der Heizungsanlage unterstützt Sie meist der ausführende Fachbetrieb, Fördermittel zu beantragen.
- Um Maßnahmen wie die Dämmung der Gebäudehülle zu beantragen, müssen Sie Energieeffizienzexpert:innen einbinden – andernfalls ist dies optional.

▶ Unter **www.waermepumpe.de/waermepumpe/foerderung** sind die relevanten Informationen zur Förderung zusammengefasst.

▶ Auf der Internetseite des **Bundesamtes für Wirtschaft und Ausfuhrkontrolle** unter **www.bafa.de** finden Sie eine vollständige Liste der förderfähigen Kosten sowie umfangreiche Informationen rund um die Förderung.

▶ Energieeffizienzexpert:innen finden Sie unter: **www.energie-effizienz-experten.de**

KOSTEN DER EINZELNEN KOMPONENTEN

Es lohnt sich, mehrere Angebote verschiedener Anbieter zu vergleichen. Unter **www.waermepumpen-fachmann.de** finden Sie beispielsweise eine Liste geeigneter Fachbetriebe. Zur Orientierung sind hier Richtwerte zur Umstellung eines Bestandsgebäudes auf eine Wärmepumpe aufgeführt, die Sie mit Ihrem individuellen Angebot vergleichen können. Mögliche Förderungen sind noch nicht abgezogen.

KATEGORIE	KOMPONENTE	RICHTWERT
Wärmepumpe und Quellenerschließung (für Bestandsgebäude)	Luftwärmepumpe	15.000 - 25.000 €
	Erdsonden-Wärmepumpe	22.000 - 38.000 €
	Erdkollektor-Wärmepumpe	19.000 - 28.000 €
	Grundwasser-Wärmepumpe	25.000 - 38.000 €
mögliche Maßnahmen zur Erhöhung der Effizienz	Einbau größerer Heizkörper	400 - 650 €/Stück
	Einbau Gebläse-Heizkörper	600 - 1.350 €/Stück
	Einbau Fußbodenheizung (+ neuer Fußbodenbelag)	80 - 140 €/m² (+ 20 - 100 €/m²)
Rückbau des alten Heizsystems	Ölkessel und -tank	400 - 2.000 €
	Gaskessel	500 €

Richtwerte (inklusive Arbeitsstunden, exklusive Förderung)[13,14,15,16,17,18,19]

Die Kosten in Ihrem individuellen Angebot können von den genannten Werten abweichen. Unterschiede sind unter anderem möglich durch:

- die individuelle Ausgangslage Ihres Gebäudes
- regionale Preise
- Verfügbarkeit von Handwerker:innen
- Preisänderungen

RECHEN-BEISPIEL

Ihr Angebot für eine Erdwärmepumpe umfasst **Kosten von 40.000 €.** Ihr Gebäude wird aktuell mit einem Ölkessel beheizt: **Damit beträgt Ihr Fördersatz 40 %.**

Förderung = 40.000 € x 0,4 = 16.000 €

Sie erhalten also vom Bundesamt für Wirtschaft und Ausfuhrkontrolle eine **Förderung von 16.000 €**, sodass sich Ihre Kosten auf effektiv 24.000 € reduzieren.

Wie hoch sind die Stromkosten?

Die Höhe der Betriebskosten ist abhängig vom Wärmeverbrauch Ihres Gebäudes, von der Gesamteffizienz Ihres Systems und von Ihrem Stromtarif.

Zum Vergleich: Ein durchschnittlicher 2-Personen-Haushalt in einem Einfamilienhaus verbraucht rund 3.000 kWh elektrische Energie im Jahr.[20] Durch eine Wärmepumpe erhöht sich der Stromverbrauch also deutlich. Dabei darf man nicht vergessen, dass gleichzeitig der Verbrauch an Heizöl oder Erdgas (z. B. 25.000 kWh pro Jahr) komplett entfällt. Eine Kilowattstunde Strom ist in der Regel teurer als eine Kilowattstunde Erdgas oder Heizöl. Allerdings heizt eine Wärmepumpe großteils mit kostenloser Umweltwärme und nur zu etwa einem Drittel mit Strom.

Für einen direkten Vergleich kann der Strompreis also durch die erwartbare Jahresarbeitszahl geteilt werden. Unter **www.waermepumpe.de/jazrechner** können Sie Ihre zukünftige Jahresarbeitszahl abschätzen.

RECHEN-BEISPIEL

STROMVERBRAUCH EINER WÄRMEPUMPE

1. WÄRMEVERBRAUCH ERMITTELN:

Gasheizung Wärmeverbrauch = Gasverbrauch x Anlagenverluste
25.000 kWh pro Jahr x 0,8 = **20.000 kWh pro Jahr**

Ölheizung Wärmeverbrauch in kWh pro Liter = Heizölverbrauch in Liter x 10 x Anlagenverluste
2.500 Liter pro Jahr x 10 x 0,8 = **20.000 kWh pro Jahr**

2. STROMVERBRAUCH ERMITTELN:

$$\frac{\text{Wärmeverbrauch pro Jahr}}{\text{Jahresarbeitszahl}} = \text{Stromverbrauch} \qquad \frac{\text{20.000 kWh pro Jahr}}{\text{Jahresarbeitszahl 3,0}} = \text{6.700 kWh}$$

STROMKOSTEN KONKRET

Für die Abrechnung des Stromverbrauchs einer Wärmepumpe gibt es zwei Möglichkeiten:

1. **Nutzung des bestehenden Haushaltsstromtarifs bzw. -zählers**
Da die Preise für Neukund:innen gestiegen sind, kann es sich lohnen, die Wärmepumpe mit dem bestehenden Haushaltsstromtarif zu betreiben.

2. **Wärmepumpentarif mit zusätzlichem Stromzähler bzw. Grundpreis**
Wenn Sie einen Wärmepumpentarif in Anspruch nehmen, profitieren Sie von reduzierten Netzentgelten. Sie zahlen also weniger pro Kilowattstunde Strom als im üblichen Haushaltsstromtarif. Voraussetzung dafür ist, dass die Anlage in Spitzenlastzeiten vom Netzbetreiber steuerbar ist. Kalt wird es in Ihrem Haus dank Wärmespeicher trotzdem nicht. Für den zusätzlichen Zähler wird ein Grundpreis fällig – prüfen Sie deshalb, ob sich der Wechsel für Sie lohnt.

KOSTENBERECHNUNG MIT STROMTARIF

Beispielhafter Stomtarif: 33 ct/kWh

JÄHRLICHE STROMKOSTEN EINER WÄRMEPUMPE ERMITTELN:
0,33 €/kWh x 6.700 kWh pro Jahr **= 2.200 € pro Jahr**

MONATLICHE STROMKOSTEN EINER WÄRMEPUMPE ERMITTELN:

$$\frac{\text{Stromkosten pro Jahr}}{\text{12 Monate}} = \text{Monatskosten} \qquad \frac{2.200\ €}{\text{12 Monate}} = 180\ €\ \text{pro Monat}$$

ENTWICKLUNG DER ENERGIEPREISE

Der Strompreis setzt sich aus verschiedenen Komponenten zusammen, die Einfluss auf die Höhe der Betriebskosten haben. Stark gestiegene Preise fossiler Energieträger im Jahr 2022 sorgen für höhere Stromerzeugungskosten und wirken sich somit auch auf den gesamten Strompreis aus. **Die Preise fossiler Energieträger hängen von vielen Faktoren ab:**

- geopolitische Entwicklungen (Stabilität und Krisen)
- Ressourcen-Reichweite von Lagerstätten und technologische Entwicklung der Förderung
- wirtschaftliche Interessen der anbietenden Unternehmen und Staaten
- Entwicklung von Steuern und Abgaben

Ein zusätzlicher Preisfaktor fossiler Energieträger ist der **steigende CO_2-Preis.** Die wachsende Preisdifferenz zwischen erneuerbarer und fossiler Energie soll die Attraktivität erneuerbarer Energien erhöhen und somit dazu beitragen, dass die Klimaziele schneller erreicht werden.

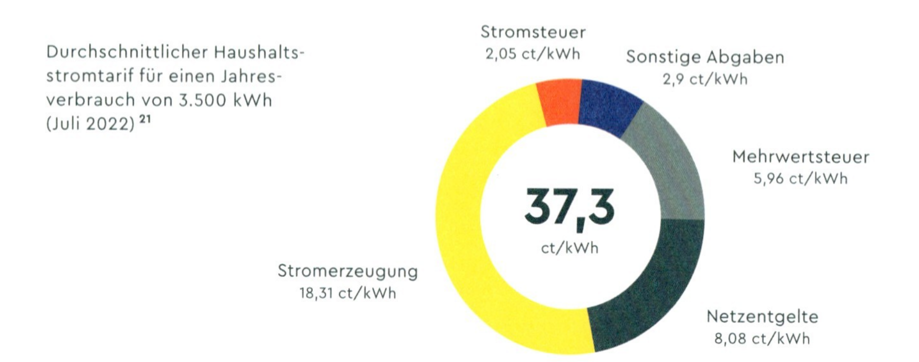

Der **Strompreis** weist aufgrund variierender Netzentgelte regionale Unterschiede auf. Die kurz- bis mittelfristige Entwicklung ist unter anderem aufgrund der angespannten geopolitischen Lage schwer vorherzusehen. Langfristig werden die Stromerzeugungskosten mit zunehmendem Anteil erneuerbarer Energien immer weniger von den Gas- und Ölpreisen beeinflusst sein. Damit die Energiewende gelingt, ist ein weiterer **Ausbau der Stromnetze** erforderlich, der perspektivisch die Netzentgelte erhöhen wird.

ERSPARNIS DURCH EFFIZIENZ

Neben dem individuellen Wärmeverbrauch und dem Stromtarif beeinflusst die Effizienz des Wärmepumpensystems die Höhe der Stromkosten. Über die **Jahresarbeitszahl als Indikator** für die Gesamteffizienz können Sie Ihre zukünftigen Stromkosten präzise abschätzen.

Maßnahmen zur Steigerung der Effizienz führen zu Einsparungen bei den Stromkosten!

Geht man beispielsweise von einem jährlichen Wärmeverbrauch von 20.000 kWh und einem bestehenden Stromtarif von 33 ct/kWh aus, entstehen bei einer Jahresarbeitszahl von 3 jährlich Kosten von 2.200 € für den Strombezug der Wärmepumpe. Bei einer Jahreszahl von 4,5 reduzieren sich die Kosten um 730 € pro Jahr. Investieren Sie in die Effizienz Ihres Heizsystems, schlägt sich das also deutlich in den Betriebskosten nieder.

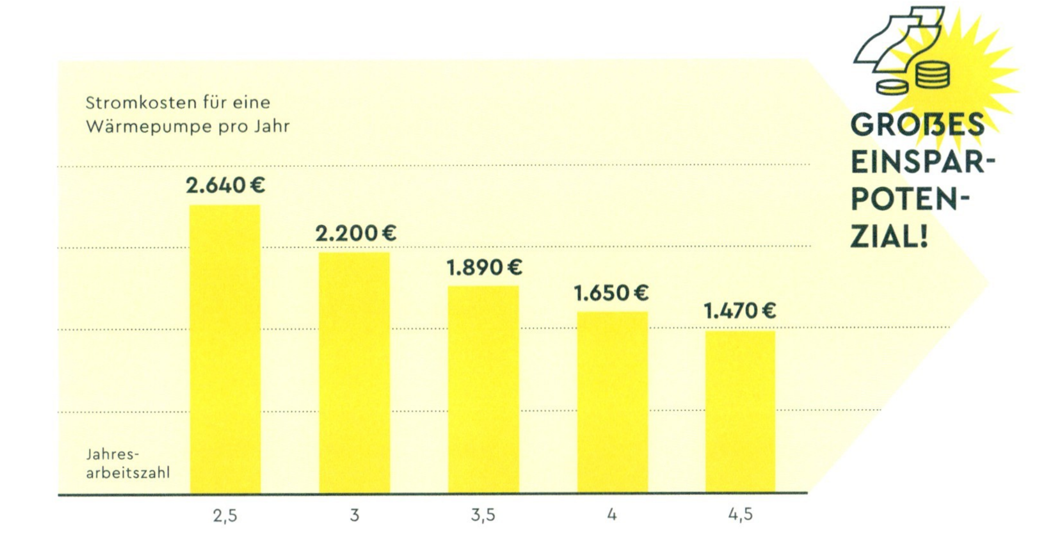

Welche weiteren Kosten kommen auf mich zu?

Neben der Anschaffungsinvestition und den Stromkosten gibt es noch einen weiteren Kostenfaktor: Zum einwandfreien und langjährigen Betrieb benötigen Wärmepumpen eine regelmäßige Wartung. Diese erfolgt in ähnlichen Abständen wie bisher die Kehrung des Kamins. Die **Ausgaben für Wartung und Reparatur** liegen im Jahr, je nach Wärmequelle und Größe der Anlage, im niedrigen dreistelligen Bereich.

Stromkosten senken durch Investitionen in die Effizienz

Zum Einsatz von Wärmepumpen gibt es verschiedene Möglichkeiten, die sich hinsichtlich Investition und Betriebskosten unterscheiden. Je effizienter die Anlage arbeitet, desto geringer sind die laufenden Kosten. Der Austausch von Heizkörpern rechnet sich bereits innerhalb weniger Jahre.

Investitionen in die Wärmequelle können mittelfristig und in die Dämmung langfristig rentabel sein. Zur Veranschaulichung dieser **Abwägung von Investition und Betriebskosten** werden am Beispiel eines alten Einfamilienhauses verschiedene Möglichkeiten zum Einsatz einer Wärmepumpe miteinander verglichen:

Ausgangslage des Beispielgebäudes

Gebäude	Einfamilienhaus (Altbau)
bisheriges Heizsystem	Ölkessel
bisheriger Ölverbrauch	2.500 Liter pro Jahr
Wärmeverbrauch	20.000 kWh pro Jahr
Wohnfläche	150 m²
Heizkörper (Vorlauftemperatur)	Hochtemperatur-System (bis zu 70 °C)

Ausgehend von diesem Gebäude gibt es unterschiedliche Modernisierungsoptionen für den Einsatz einer Wärmepumpe:

- keine Veränderung der Heizkörper, Einsatz einer Hochtemperatur-Wärmepumpe
- moderate Senkung der Vorlauftemperatur durch Austausch von Heizkörpern
- deutliche Senkung der Vorlauftemperatur durch Einbau von Niedertemperatur-Heizkörpern oder Fußbodenheizung
- Einbau einer Luftwärmepumpe
- Einbau einer Erdwärmepumpe inklusive Bohrung von Erdwärmesonden
- keine Veränderung der Gebäudehülle
- umfassende Sanierung der Gebäudehülle

INVESTITIONS- UND BETRIEBSKOSTEN IM VERGLEICH

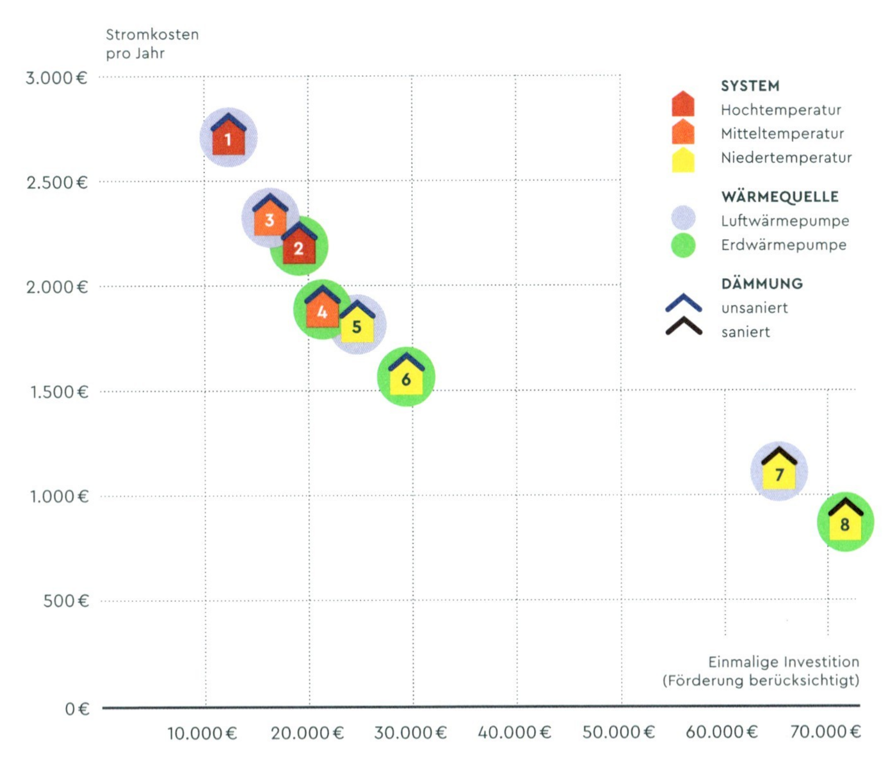

BEISPIEL
Der angenommene Wärmepumpentarif beträgt 33 ct/kWh.

Die Höhe der Investitionen orientiert sich an den genannten Richtwerten (siehe S. 77).

Die Förderung der Wärmepumpe inklusive Umfeldmaßnahmen beträgt je nach Wärmequelle für Außenluft 35 % und für Erde 40 %.

Die unterstellte Förderung der Dämmung beträgt 20 %.

Für Dämmmaßnahmen sind nur energetische Teilkosten berücksichtigt, nicht aber sowieso anfallende Kosten.

Der Vergleich der Optionen zeigt:

- Die Förderung ermöglicht die Umstellung auf eine Luftwärmepumpe auch mit überschaubarer Investition – die Betriebskosten sind hier jedoch am höchsten.
- Die Reduktion der Vorlauftemperatur auf Mitteltemperatur, zum Beispiel durch den Austausch einzelner Heizkörper, reduziert die Betriebskosten deutlich, ohne wesentlich höhere Investition.
- Mit Luftwärme und Nachrüstung eines Niedertemperatur-Systems, z. B. durch den Einbau von Niedertemperatur-Heizkörpern, lassen sich die Betriebskosten noch weiter senken, nämlich auf ein ähnliches Niveau wie bei einem mit Erdwärme betriebenen Mitteltemperatur-System.
- Bei gleicher Vorlauftemperatur ist Erdwärme teurer in der Anschaffung und günstiger im Betrieb als Luftwärme.
- Um die Effizienz noch weiter zu steigern, sind deutlich höhere Investitionen für eine Dämmung erforderlich.

KAPITEL 7

WOHER KOMMT DIE ENERGIE?

Um den Klimawandel zu verlangsamen, müssen die CO_2-Emissionen in der Wärmeversorgung gesenkt werden. Man spricht von einer Dekarbonisierung. Während im Wärmesektor die Anteile aus erneuerbaren Energien noch gering sind, werden im Stromsektor bereits große Anteile regenerativ erzeugt.

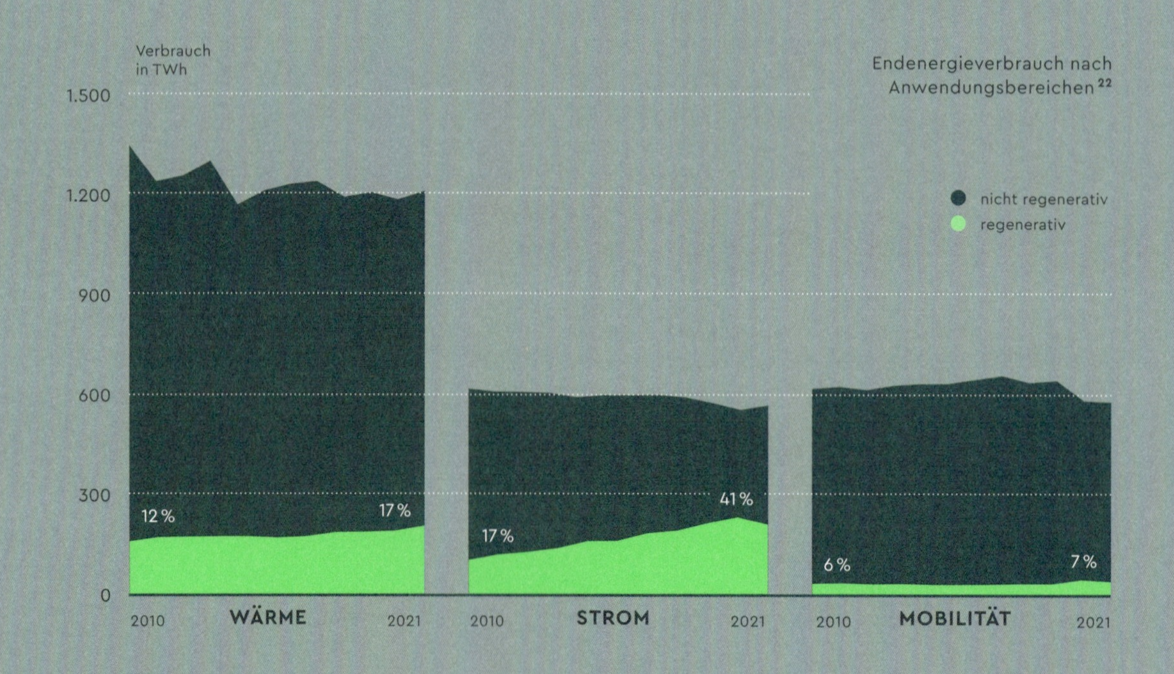

Ist vom gesamten Energiesystem in Deutschland die Rede, so wird die bekannte Einheit Kilowatt(stunde) umgerechnet:
1 MW(h) = 1.000 kW(h)
1 GW(h) = 1.000.000 kW(h)
1 TW(h) = 1.000.000.000 kW(h)

Der **Einsatz von Strom in der Wärmeversorgung,** die einen großen Teil des gesamten Endenergieverbrauchs ausmacht, ist also ein wichtiger Baustein für mehr Nachhaltigkeit. Außerdem: Ein Großteil der fossilen Energieträger zur Wärmebereitstellung wird aus anderen Staaten importiert. Ein Wechsel auf **vor Ort erzeugte regenerative Energieträger** senkt die Abhängigkeit von Drittstaaten, erfordert jedoch einen **deutlichen Ausbau** der erneuerbaren Energien in Deutschland!

Der Strom kommt heute …

… bereits knapp zur Hälfte aus erneuerbaren Energien. Jedoch stammt der Rest noch aus fossilen Energieträgern, wie Stein- und Braunkohle, Erdgas oder Kernenergie. Ein weiterer Ausbau erneuerbarer Energien ist nicht zuletzt deshalb notwendig, weil bei vielen fossilen Energieträgern eine hohe Abhängigkeit vom Import aus anderen Staaten besteht.

Stromerzeugung nach Energieträgern in Deutschland (1990 – 2021)[23]

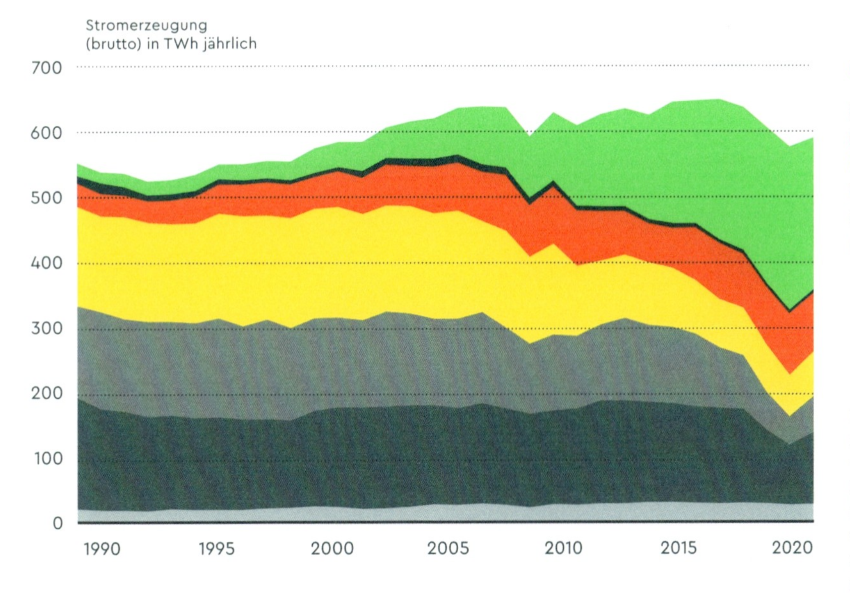

Der Anteil erneuerbarer Energien ist in den vergangenen Jahren nahezu stetig gewachsen. Einzig von 2020 auf 2021 gab es einen Rückschritt, da zu Beginn der Corona-Pandemie die Nachfrage abgenommen hat und das Jahr 2020 deutlich windstärker war als das Folgejahr. Der Anteil erneuerbarer Energien an der Stromerzeugung schwankt allgemein in Abhängigkeit von Windverhältnissen und Sonneneinstrahlung.

So setzt sich der deutsche Strommix zusammen: Im Jahr 2021 wurden in Deutschland insgesamt 588 Milliarden kWh (oder 588 TWh) Strom erzeugt.[23] Erneuerbare Energien machen inzwischen rund 40 % davon aus. In der ersten Jahreshälfte 2022 wurden sogar schon etwa 49 % des Stromverbrauchs aus erneuerbaren Energien gedeckt.[24] Der mit Abstand größte Anteil des regenerativ erzeugten Stroms, nämlich rund die Hälfte, wird aus Windkraft bezogen.[25]

HERKUNFT DER ENERGIETRÄGER

Im Jahr 2020 wurde der Energieträger Steinkohle zu 100 % importiert. Auch Erdgas und Mineralöl wurden nur zu sehr geringen Anteilen (6 bzw. 2 %) innerhalb der Landesgrenzen gefördert. Lediglich Braunkohle stammte zu 100 % aus dem Inland.

Das größte Importvolumen für fossile Energieträger nach Deutschland stellte im Jahr 2020 **Russland.** Große Teile des Imports von Erdgas, aber auch von Mineralöl und Steinkohle, stammen von dort. Weitere wichtige Importländer sind insbesondere Norwegen, die USA sowie die Niederlande. Als Reaktion auf den Ukraine-Krieg gab es zum Zeitpunkt des Verfassens Bemühungen seitens der Bundesregierung wie auch der EU, die **Abhängigkeit von Energieimporten** aus Russland zu **verringern.** Die Importabhängigkeit verschiebt sich damit kurzfristig zu anderen Staaten (z. B. Katar), bleibt aber grundsätzlich bestehen.

Importierte Energiemengen nach Ländern in Milliarden kWh pro Jahr (2020) [26,27,28]

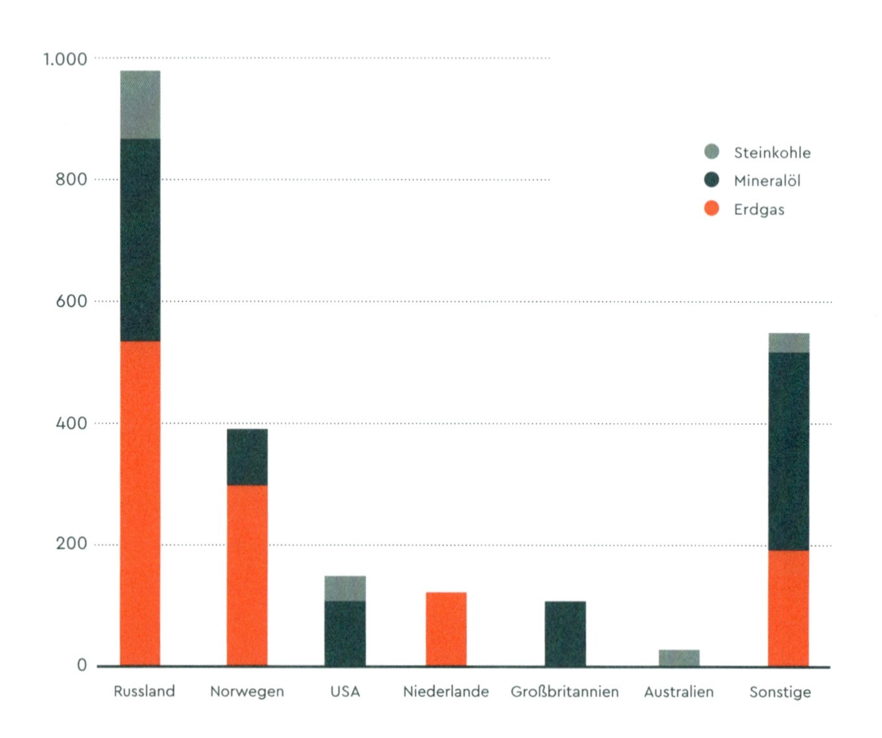

Mehr Stromverbrauch – mehr erneuerbare Energien!

Durch die Verwendung von Strom im Verkehr und in der Wärmeversorgung entsteht ein zusätzlicher Strombedarf. Außerdem wird ein massiver Anstieg der Stromerzeugung aus erneuerbaren Energien angestrebt, um die Klimaziele zu erreichen. Die Ausbauziele für die Technologien Photovoltaik und Windkraft sind ehrgeizig!

Würden alle rund 15 Millionen Einfamilienhäuser in Deutschland[29] mit einer Wärmepumpe heizen, hätten diese bei einer Jahresarbeitszahl von 3 und einem durchschnittlichen jährlichen Wärmebedarf von rund 22.000 kWh[30] einen Bedarf an elektrischer Energie von 110 TWh pro Jahr. Das entspräche der erzeugten Energie von rund 11.000 modernen Windrädern mit einer Leistung von je 5,5 MW im deutschen Binnenland. Der heutige **Bruttostromverbrauch** würde also **um rund 20 % ansteigen.** Der tatsächliche Mehrbedarf an elektrischer Energie wäre jedoch etwas geringer, da ja schon heute ein kleiner Teil der Einfamilienhäuser in Deutschland elektrisch beheizt wird.

Der Wärmebedarf der Einfamilienhäuser stellt natürlich nicht den gesamten Wärmesektor in Deutschland dar. Eine Elektrifizierung des gesamten Wärmesektors würde einen deutlich größeren Ausbau voraussetzen. Außerdem wird ein zusätzlicher Anstieg des Strombedarfs durch den steigenden Anteil elektrifizierter Fahrzeuge erwartet. Bis 2030 sollen bis zu 10 Millionen Elektrofahrzeuge in Deutschland zugelassen sein. Das entspricht einem jährlichen Mehrbedarf von etwa 20 TWh.[31]

DECKUNG DES STROMBEDARFS DURCH DEN AUSBAU ERNEUERBARER ENERGIEN

Um die Klimaziele der Bundesregierung zu erreichen und bis zum Jahr 2045 klimaneutral zu werden, muss die Energiewirtschaft die Emissionen auf 0 reduzieren.[32] Es wird angestrebt, bis 2030 **80 % des Bruttostromverbrauchs aus erneuerbaren Energien** zu beziehen. Durch die zunehmende Elektrifizierung der Mobilität und der Wärmeversorgung steigt der Bedarf an erneuerbar erzeugtem Strom im Vergleich zu heute zusätzlich an. Schon bis 2030 wird so mit einem **zusätzlichen Bedarf** von 51 TWh elektrischer Energie gerechnet[32], der über die aktuell durch fossile Energieträger erzeugte elektrische Energie hinaus bereitgestellt werden muss. Verbleiben bis 2030 20 % Anteile aus fossilen Energieträgern, so müssen immer noch etwa 38 % (221 TWh) der aktuellen fossilen Erzeugung ersetzt werden. Denn insgesamt machen fossile Energieträger heute etwa 58 % der Erzeugung aus. Um diese rund 270 TWh aus erneuerbaren Energien decken zu können, ist ein massiver Ausbau erforderlich. In dem **Energiesofortmaßnahmenpaket** (Osterpaket), das die Bundesregierung im April 2022 vorgelegt hat, ist der geplante Ausbau an erneuerbaren Erzeugungskapazitäten für Wind und Photovoltaik bis 2030 dargestellt:

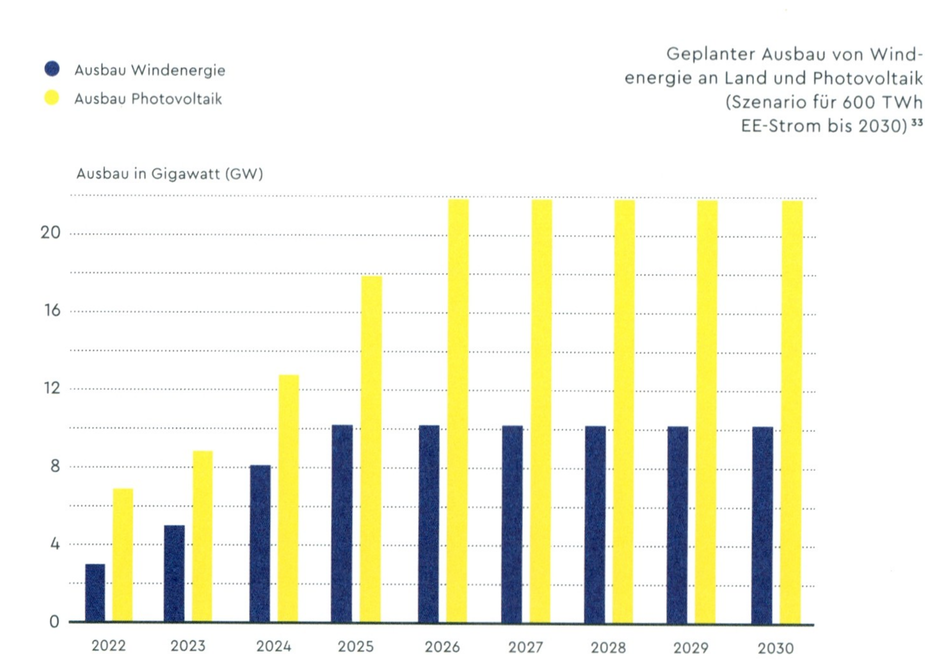

Geplanter Ausbau von Windenergie an Land und Photovoltaik (Szenario für 600 TWh EE-Strom bis 2030)[33]

Ab 2026 ist ein jährlicher Ausbau von 22 GW **Photovoltaik** (nur auf Freiflächen) vorgesehen. Das entspricht einem wöchentlichen Zuwachs auf einer Fläche von fast 1.200 Fußballfeldern. Auch das Erreichen der Windenergieziele erfordert einen deutlich verstärkten Ausbau. Ein jährlicher Zuwachs von 10 GW **Windenergieanlagen an Land,** wie er ab 2025 angestrebt ist, würde beispielsweise einen Ausbau von 35 Windenergie-anlagen pro Woche bedeuten (bei Windkraftanlagen der Leistungsklasse 5,5 MW). Aktuell werden in Deutschland rund 31.000 Windkraftanlagen betrieben.[34] Zum Vergleich: 2021 wurden in Deutschland rund 2 GW Anlagen an Land zugebaut – die Installationsgeschwindigkeit für Windräder müsste sich also verfünffachen.

Ziel des Ausbaus ist es laut Osterpaket, bis zum Jahr 2030 600 TWh Strom aus erneuerbaren Energien zu gewinnen, um damit den steigenden Strombedarf zu großen Teilen zu decken.

Diese Zahlen erscheinen auf den ersten Blick sehr groß. Gemessen an der Landesfläche Deutschlands entspricht der Ausbau an Photovoltaik jedoch nur 0,1 %. Wird berücksichtigt, dass ein Teil des Ausbaus auch aus Dachflächenanlagen erfolgt, reduziert sich der erforderliche Freiflächenbedarf. Zum Vergleich: 5 % der deutschen Landesfläche werden von Verkehrsfläche beansprucht – das ist mehr als die Fläche Schleswig-Holsteins.[35]

DAS KÖNNEN SIE TUN

Sie können aktiv am Ausbau erneuerbarer Energien mitwirken, indem Sie beispielsweise eine eigene Photovoltaikanlage auf Ihrem Hausdach errichten. Auch finanziell lohnt sich der Betrieb einer PV-Anlage. So können Sie Ihre Haushaltsgeräte, aber auch die Wärmepumpe mit selbst erzeugtem Strom versorgen.

STROMTRANSPORT IM EUROPÄISCHEN VERBUND

In Deutschland wurde in den vergangenen Jahren – bei gleichzeitigem Ausbau erneuerbarer Energien – jährlich mehr Strom exportiert als importiert. Einen höheren Stromimport als -export gab es zuletzt im Jahr 2002.[36] Im europäischen Verbundnetz, zu dem auch das deutsche Stromnetz gehört, ist der **Austausch** elektrischer Energie **über Landesgrenzen hinweg** der Regelfall. So ist eine stabile Versorgung sichergestellt.

Um die **Versorgungssicherheit mit Strom** zu bewerten, gibt es verschiedene Kennzahlen. Der **SAIDI** (System Average Interruption Duration Index) gibt beispielsweise die durchschnittliche Versorgungsunterbrechung je Verbraucher und Kalenderjahr an. Diese liegt in Deutschland im Minutenbereich: Im Jahr 2020 waren es nur knapp 11 Minuten.

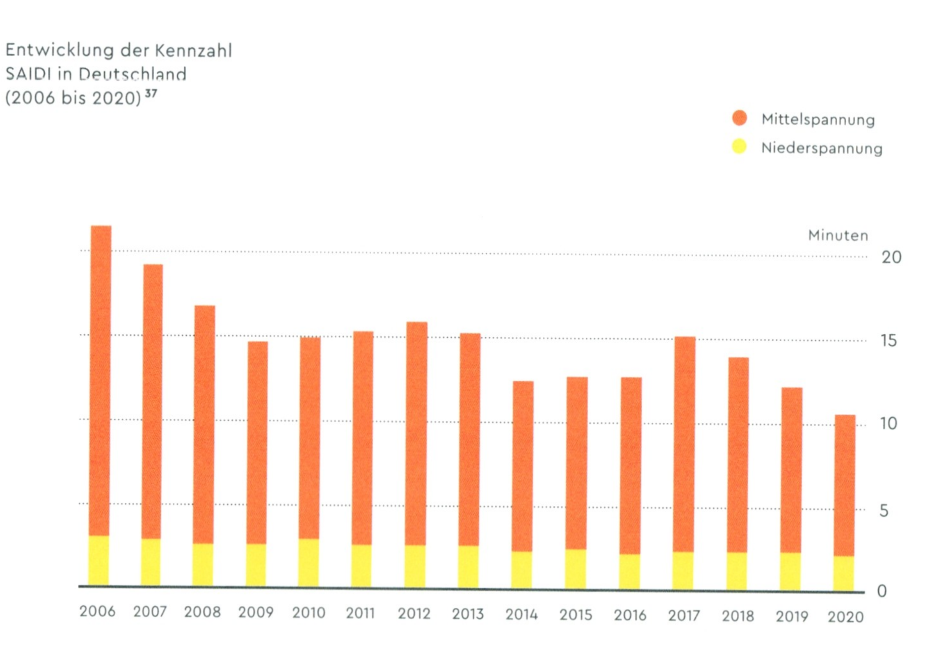

Entwicklung der Kennzahl SAIDI in Deutschland (2006 bis 2020)[37]

Die steigenden Anteile erneuerbarer Energien am deutschen Strommix bringen also keine Verschlechterung der Versorgungssicherheit mit sich. Im Gegenteil: Die Kennzahl **SAIDI** hat sich in den letzten Jahren **beinahe stetig verbessert.**

VERSORGUNGSSICHERHEIT AUCH BEI DUNKELFLAUTE

Weht für 48 Stunden in einer Region kaum oder gar kein Wind bei zugleich geringer Sonneneinstrahlung, so wird von einer „Dunkelflaute" gesprochen. In Deutschland ist diese Situation laut Deutschem Wetterdienst bisher im Schnitt zwei Mal pro Jahr aufgetreten. Deutschlandweit kann im Fall einer Dunkelflaute zuverlässig **Strom aus steuerbaren Kraftwerken sowie dem europäischen Verbundnetz** bereitgestellt werden.

Das länderübergreifende Stromverbundnetz verbindet die verschiedenen Wetterzonen in Europa und sorgt dafür, dass die variierende Stromerzeugung aus erneuerbaren Energien über die Länder hinweg gleichmäßiger wird. Somit können Dunkelflauten einzelner Länder überbrückt werden. Durch diesen Verbund tritt eine Dunkelflaute in ganz Europa nur noch 0,2-mal im Jahr auf. Darüber hinaus gibt es in Deutschland eine **Kapazitätsreserve.** Dies sind Erzeugungsanlagen, Speicher sowie regelbare (abschaltbare) Verbraucher, die in Extremsituationen zum Einsatz kommen.[38]

Heizen mit Pellets oder Wasserstoff ist keine Massenlösung

Mit Pellets oder Wasserstoff zu heizen, benötigt sehr viele Ressourcen, wie beispielsweise Holz oder Strom. Deshalb sind dies keine tragfähigen Alternativen, die in der Breite eingesetzt werden sollten.

Warum nicht mit Pellets heizen?

Die Grundstoffe zur Herstellung von Pellets sind **Industrierestholz** und Energieholz. Für Industrierestholz ergibt sich in Deutschland ein konstantes Potenzial von rund 15 TWh Energie.[39] Neben der energetischen Verwendung wird Industrierestholz jedoch auch als Holzwerkstoff und zur Zellstoffproduktion verwendet. Zusätzlich können aus **Waldholz (Energieholz),** das aufgrund seiner Beschaffenheit keine anderweitige Verwendung findet, Pellets produziert werden. Rund 68 TWh Waldholz werden energetisch genutzt. Künftig kann ergänzend auch der bis jetzt **ungenutzte Holzzuwachs** herangezogen werden (entspricht 25 TWh).[40]

Würde das gesamte beschriebene technische Brennstoffpotenzial ausschließlich zur Produktion von Pellets verwendet, stünden also jährlich 108 TWh zur Verfügung. Bei einem durchschnittlichen Verbrauch von 33 MWh pro Wohneinheit und Jahr könnten damit **maximal 3,3 Millionen, also 8 % aller deutschen Haushalte, versorgt** werden. Diese Zahl wird noch kleiner, wenn man bedenkt, dass die genannten Grundstoffe auch für andere Zwecke genutzt werden, z. B. in der Holzwerkstoff- oder Zellstoffindustrie oder zur Wärmebereitstellung für die gewerbliche Nutzung.

Ein weiterer Aspekt, der gegen das Heizen mit Pellets spricht: Durch die Verbrennung von Biomasse entsteht, insbesondere in Kaminöfen, eine **hohe Feinstaubbelastung.** Diese hat nicht nur gesundheitliche Auswirkungen, sondern schadet auch dem Klima: Rußpartikel gelangen langfristig auf Gletscher und zu den Polen und sorgen so dafür, dass mehr Sonnenlicht absorbiert wird und die Eisschichten schneller schmelzen.

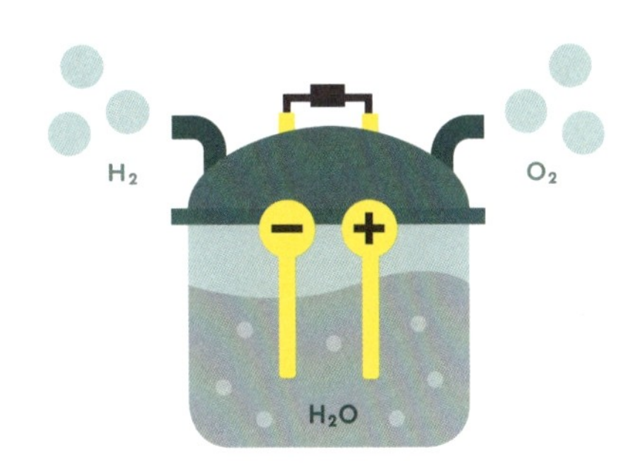

Warum nicht mit Wasserstoff heizen?

Um mit Wasserstoff CO_2-neutral heizen zu können, muss dieser zuerst mithilfe von Strom aus erneuerbaren Energien erzeugt werden. In der sogenannten **Elektrolyse** wird Wasser in seine Bestandteile **Wasserstoff und Sauerstoff zerlegt.** Aktuell haben die am Markt verfügbaren Elektrolyseure einen **Wirkungsgrad von rund 70 %.**[41] Das bedeutet, der Einsatz von 1 kWh Strom ergibt Wasserstoff mit einem Energiegehalt von 0,7 kWh.

Selbst wenn bei der anschließenden Umwandlung in Wärme ein hypothetischer Wirkungsgrad von 100 % angesetzt wird, müssten zur Erzeugung von 1 kWh Wärmeenergie aus Wasserstoff 1,43 kWh Strom aufgebracht werden. Bei einer Wärmepumpe mit der Jahresarbeitszahl 3 werden dagegen für die Bereitstellung von 1 kWh Wärmeenergie nur 0,33 kWh Strom benötigt – der Rest kommt aus Umweltwärme.

Kurz gesagt: **Eine Wärmepumpe erzeugt mit der gleichen Menge an Strom mehr als die vierfache Wärmeenergie!** Der Bedarf an erneuerbarer Stromerzeugung wäre bei intensiver Wasserstoff-Nutzung also mehr als vier Mal so hoch wie bei einer direkten Nutzung des Stroms in Wärmepumpen. Das würde die Energiewende unnötig verzögern und verteuern. Auch der Import von Wasserstoff aus dem Ausland ist keine zielführende Option, da sich hieraus wieder neue Abhängigkeiten ergeben würden.

Wasserstoff wird aufgrund seiner Energieintensität sowie fehlender Infrastruktur für Transport und Speicherung in den nächsten Jahren nur in sehr begrenzten Mengen zur Verfügung stehen. Deshalb ist sein **Einsatz** dort zu **priorisieren**, wo fossile Energieträger nicht direkt durch Strom ersetzt werden können – vor allem in der Stahl-, Zement und Chemieindustrie. Mittel- bis langfristig könnte Wasserstoff auch zur **Dekarbonisierung im Langstreckenverkehr** eingesetzt werden.

Dekarbonisierung ist die Reduzierung von Kohlendioxidemissionen durch den Einsatz kohlenstoffarmer Energiequellen – dadurch wird ein geringerer Ausstoß von Treibhausgasen erreicht.

Literatur

1	**Seite 14**	Masson-Delmotte, Valérie et al.: Climate Change 2021: The Physical Science Basis – Contribution of Working Group I to the Sixth Assessment Report of the Intergovernmental Panel on Climate Change. Cambridge: IPCC, 2021.
2	**Seite 15**	Paris Agreement. Ausgefertigt im 2015–12, Version vom 2015–12–12; Paris: United Nations, 2015.
3	**Seite 16**	Pachauri, Rajendra et al.: Climate Change 2007: Synthesis Report. Contribution of Working Groups I, II and III to the Fourth Assessment Report of the Intergovernmental Panel on Climate Change. Genf: The Intergovernmental Panel on Climate Change (IPCC), 2007.
4	**Seite 16/17**	Climate Watch Historical Country Greenhouse Gas Emissions Data (1990–2018): https://www.climatewatchdata.org/ghg-emissions?calculation=PER_CAPITA&end_year=2018®ions=G20&start_year=1990; Washington, DC: World Resources Institute, 2021.
5	**Seite 17**	Treibhausgasneutrales Deutschland im Jahr 2050. Dessau-Roßlau: Bundesministerium für Umwelt, Naturschutz, Bau und Reaktorsicherheit (BMUB), 2013.
6	**Seite 18**	CO_2-Rechner des Umweltbundesamtes. In: https://uba.co2-rechner.de/de_DE/ (Abruf am 2022–03–22); Tübingen: KlimAktiv gemeinnützige Gesellschaft zur Förderung des Klimaschutzes mbH, 2022.
7	**Seite 19/23**	Fattler, Steffen; Conrad, Jochen; Regett, Anika et al.: Verbundprojekt Dynamis – Dynamische und intersektorale Maßnahmenbewertung zur kosteneffizienten Dekarbonisierung des Energiesystems. Online: https://www.ffe.de/dynamis. München: Forschungsstelle für Energiewirtschaft e. V., Forschungsgesellschaft für Energiewirtschaft mbH, Technische Universität München, 2019.
8	**Seite 22**	Zeitreihen zur Entwicklung der erneuerbaren Energien in Deutschland: https://www.erneuerbare-energien.de/EE/Navigation/DE/Service/Erneuerbare_Energien_in_Zahlen/Zeitreihen/zeitreihen.html; Dessau-Roßlau: Umweltbundesamt Fachgebiet V 1.5 – Energiedaten, Geschäftsstelle der Arbeitsgruppe Erneuerbare Energien-Statistik (AGEE-Stat), 2022.
9	**Seite 36**	Bundesministerium für Wirtschaft und Klimaschutz: iSFP-Blankofahrplanseite 3MP A3 – für drei Maßnahmenpakete im DIN A3-Format. 2022.
10	**Seite 38**	Bigalke, Uwe et al.: Der dena-Gebäudereport 2016 – Statistiken und Analysen zur Energieeffizienz im Gebäudebestand. Berlin: Deutsche Energie-Agentur GmbH (dena), 2016.

11	**Seite 49**	Gerhardy, Karin: Das DVGW-Arbeitsblatt W 551 und die 3-Liter-Regel. Bonn: DVGW Deutscher Verein des Gas- und Wasserfachs e. V., 2012.
12	**Seite 49**	Technische Regeln für Trinkwasser-Installationen – Teil 200: Installation Typ A (geschlossenes System) – Planung, Bauteile, Apparate, Werkstoffe (DIN 1988-200). Ausgefertigt 1988, Version vom 2012-05; Berlin: Deutsches Institut für Normung e. V., 2012.
13	**Seite 77**	Kümpel, Nadine: Luftwärmepumpe oder Gas? Die Heizungsarten im Vergleich. In: https://www.wegatech.de/ratgeber/waermepumpe/grundlagen/luftwaermepumpe-oder-gas/ (Abruf am 2022-04-05); Köln: Wagatech Greenergy GmbH, 2021.
14	**Seite 77**	Wärmepumpe im Altbau nutzen – Vorteile und Nachteile. In: https://www.nibe.eu/de-de/support/artikel/sanierung-und-ersatz (Abruf am 2022-04-05); Celle: NIBE Systemtechnik GmbH, 2022.
15	**Seite 77**	Buderus Preisliste – 2019 – Teil 5 – Heizflächen und Fußbodenheizungen. Wetzlar: Buderus, 2019.
16	**Seite 77**	Heizkörper austauschen: Welche Kosten kommen auf mich zu? In: https://bauenundsanieren.net/heizkoerper-austauschen-welche-kosten-kommen-auf-mich-zu/ (Abruf am 2022-04-05); Wurmberg: Natascha Jeske, 2020.
17	**Seite 77**	Fußbodenheizung nachrüsten – Kosten. In: https://www.hausjournal.net/fussbodenheizung-nachruesten-kosten (Abruf am 2022-04-05); Berlin: about:publishing GmbH, 2022.
18	**Seite 77**	Kloth, Philipp: Öltankentsorgung – Anforderungen und Kosten. In: https://www.energieheld.de/heizung/oelheizung/heizoeltank/oeltankentsorgung (Abruf am 2022-04-05); Hamburg: RENEWA GmbH, 2022.
19	**Seite 77**	Mailach, Bettina et al.: BDEW-Heizkostenvergleich Altbau 2021 – Ein Vergleich der Gesamtkosten verschiedener Systeme zur Heizung und Warmwasserbereitung in Altbauten. Dresden: ITG Institut für Technische Gebäudeausrüstung Dresden Forschung und Anwendung GmbH, 2021.
20	**Seite 78**	Weißbach, Anne et al.: Stromverbrauch im 2-Personen-Haushalt: Infos & Stromspartipps. In: https://www.stromspiegel.de/stromverbrauch-verstehen/stromverbrauch-2-personen-haushalt/ (Abruf am 2022-05-31); Berlin: co2online gemeinnützige Beratungsgesellschaft mbH, 2022.
21	**Seite 80**	Schwencke, Tilman et al.: BDEW-Strompreisanalyse Juli 2022 – Haushalte und Industrie. Berlin: BDEW Bundesverband der Energie- und Wasserwirtschaft e. V., 2022.

Literatur

22	**Seite 84**	Endenergieverbrauch nach Strom, Wärme und Verkehr. In: https://www.unendlich-viel-energie.de/mediathek/grafiken/endenergieverbrauch-strom-waerme-verkehr (Abruf am 2022-04-26); Berlin: Agentur für Erneuerbare Energien, 2021.
23	**Seite 85**	Auswertungstabellen zur Energiebilanz Deutschland – Daten für die Jahre von 1990 bis 2020. Münster: AGEB Arbeitsgemeinschaft Energiebilanzen e. V., 2021.
24	**Seite 85**	Löffelholz, Julia: Erneuerbare Energien haben im ersten Halbjahr rund die Hälfte des Stromverbrauchs gedeckt. Berlin, Stuttgart: BDEW Bundesverband der Energie - und Wasserwirtschaft e. V., 2022.
25	**Seite 85**	Stromerzeugung 2021: Anteil konventioneller Energieträger deutlich gestiegen. In: https://www.destatis.de/DE/Presse/Pressemitteilungen/2022/03/PD22_116_43312.html (Abruf am 2022-04-20); Wiesbaden: Statistisches Bundesamt, 2022.
26	**Seite 86**	Baier, Matthias et al.: Deutschland – Rohstoffsituation 2020. Hannover: Bundesanstalt für Geowissenschaften und Rohstoffe, 2021.
27	**Seite 86**	RohölINFO Dezember 2021 (Rohölimporte). In: https://www.bafa.de/SharedDocs/Kurzmeldungen/DE/Energie/Rohoel/2021_12_rohloelinfo.html (Abruf am 2022-04-20); Eschborn: Bundesamt für Wirtschaft und Ausfuhrkontrolle, 2022.
28	**Seite 86**	Statistical Review of World Energy 2021. London: BP p.l.c., 2021.
29	**Seite 87**	Wohnen in Deutschland – Zusatzprogramm des Mikrozensus 2018. Wiesbaden: Statistische Ämter des Bundes und der Länder, 2019.
30	**Seite 87**	Wie viel Energie verbraucht ein Wohnhaus durchschnittlich? In: https://www.effizienzhaus-online.de/energieverbrauch-haus/ (Abruf am 2022-04-20); Hamburg: DAA Deutsche Auftragsagentur GmbH, 2022.
31	**Seite 87**	Strombedarf und Netze: Ist das Stromnetz fit für die Elektromobilität? In: https://www.bmuv.de/themen/luft-laerm-mobilitaet/verkehr/elektromobilitaet/strombedarf-und-netze (Abruf am 2022-04-20); Berlin: Bundesministerium für Umwelt, Naturschutz, nukleare Sicherheit und Verbraucherschutz (BMUV), 2020.
32	**Seite 88**	Klimaneutrales Deutschland 2045 – Wie Deutschland seine Klimaziele schon vor 2050 erreichen kann. Berlin: Prognos AG, 2021.

33	**Seite 88**	Überblickspapier Osterpaket. Online: https://www.bmwk.de/Redaktion/DE/Downloads/Energie/0406_ueberblickspapier_osterpaket.pdf?__blob=publicationFile&v=14. Berlin: Bundesministerium für Wirtschaft und Klimaschutz, 2022.
34	**Seite 89**	Windenergie in Deutschland. In: https://strom-report.de/windenergie/ (Abruf am 2022-04-26); Hong Kong: Strom-Report.de, 2022.
35	**Seite 89**	Mobilität A-Z: Flächenverbrauch – Welche Flächen verbraucht der Straßenverkehr? In: https://www.hvv-schulprojekte.de/unterrichtsmaterialien/flaechenverbrauch/ (Abruf am 2022-04-20); Hamburg: Verkehrsbetriebe Hamburg-Holstein GmbH, 2022.
36	**Seite 90**	Stromaustauschsaldo Deutschlands in den Jahren 1990 bis 2021 (in Terawattstunden). In: https://de.statista.com/statistik/daten/studie/153533/umfrage/stromimportsaldo-von-deutschland-seit-1990/; Berlin: BDEW Bundesverband der Energie- und Wasserwirtschaft, Statistisches Bundesamt, BMWK, AGEB Arbeitsgemeinschaft Energiebilanzen e. V., ZSW, Statistik der Kohlenwirtschaft, 2022.
37	**Seite 90**	Kennzahlen der Versorgungsunterbrechungen Strom. In: https://www.bundesnetzagentur.de/DE/Fachthemen/ElektrizitaetundGas/Versorgungssicherheit/Versorgungsunterbrechungen/Auswertung_Strom/start.html (Abruf am 2022-04-20); Bonn: Bundesnetzagentur für Elektrizität, Gas, Telekommunikation, Post und Eisenbahnen, 2021.
38	**Seite 91**	Pressemitteilung zur Klima-Pressekonferenz 2018 des DWD – Wetterbedingte Risiken der Stromproduktion aus erneuerbaren Energien durch kombinierten Einsatz von Windkraft und Photovoltaik reduzieren. In: https://www.dwd.de/DE/presse/pressemitteilungen/DE/2018/20180306_pressemitteilung_klima_pk_news.html (Abruf am 2022-04-20); Offenbach: Deutscher Wetterdienst, 2018.
39	**Seite 92**	Nitsch, Joachim; Krewitt, Wolfram; Nast, Michael; Viebahn, Peter: Ökologisch optimierter Ausbau der Nutzung erneuerbarer Energien in Deutschland – Forschungsvorhaben im Auftrag des Bundesministeriums für Umwelt, Naturschutz und Reaktorsicherheit. Stuttgart, Heidelberg, Wuppertal: Deutsches Zentrum für Luft- und Raumfahrt e. V. (DLR), 2004.
40	**Seite 92**	Potenzialatlas – Bioenergie in den Bundesländern. Berlin: Agentur für Erneuerbare Energien (AEE) e. V., 2013.
41	**Seite 93**	Regett, Anika; Pellinger, Christoph; Eller, Sebastian: Power2Gas – Hype oder Schlüssel zur Energiewende? In: Energiewirtschaftliche Tagesfragen - 64. Jg. (2014) Heft 10. Essen: etv Energieverlag GmbH, 2014.

Impressum

Herausgeberin
Wüstenrot Stiftung
Prof. Philip Kurz
Verena Krubasik

Wüstenrot Stiftung
Hohenzollernstraße 45
71638 Ludwigsburg
Telefon + 49 (0) 7141 16 75 65-00
info@wuestenrot-stiftung.de
www.wuestenrot-stiftung.de
Instagram: @wuestenrotstiftung

Forschungsstelle für Energiewirtschaft e. V.
Am Blütenanger 71
80995 München
Telefon + 49 (0) 89 15 81 21-0
info@ffe.de
www.ffe.de

Autor:innen
Simon Greif, M. Sc.
Dipl.-Ing. Leona Freiberger
Dr.-Ing. Roger Corradini
Lennart Trentmann, B. Sc.
Prof. Dipl.-Ing. Werner Schenk

Redaktion
Verena Krubasik
Florian Mayer

Gestaltung & Illustration
Manja Kühn & Pia Bublies
www.manjakuehn.de
www.piabublies.de

Lektorat
Textpunkt
Verena Hafner
www.textpunkt.de

Druck
Offizin Scheufele
Druck und Medien GmbH & Co. KG
www.scheufele.de